破框能力

全球TOP50管理大師教你突破「專業」陷阱

破框能力

ACT LIKE A LEADER, THINK LIKE A LEADER

艾米妮亞・伊貝拉 HERMINIA IBARRA 著 王臻 譯

獻給赫克托以及我的父母

思考，是為了做得更好。

Thinking is for doing.

——S. T. 菲斯克（S. T. Fiske）

如何知道我在想什麼呢？只有在看到我做了什麼以後。

How can I know what I think until I see what I do?

——改編自卡爾・維克（Karl Weick）

各界讚譽

艾米妮亞・伊貝拉的這本新書極具洞察力，引人深思，對致力於成為一名優秀領導者的人來說，能獲得諸多靈感與見解。在這個光速變化的時代，艾米妮亞・伊貝拉透過深入的研究調查和親身實踐，所提出的「改變要靠行動」的觀點拓展了我們的視野。

——喬・凱撒（Joe Kaeser）
西門子公司 CEO

這本書很具挑戰性，它挑戰了我們常見的領導者法則。作者考慮到當今社會是在高速變化的，據此提出了更為實用的領導者法則，並提出自己對身份認知和職業轉變方面的見解，告訴讀者需要以行動作為起點來做出改變。對於當代領導者來說，本書應該列入必讀書單。

——蘇珊・彼特斯（Susan P. Peters）
美國通用電氣公司人力資源部資深副總裁

艾米妮亞・伊貝拉樹立了一個成功且非常有價值的模型，能幫助那些有遠見的專業人士在公司的晉升階梯上一步一步往上爬。基於「邊做邊學」的理念，她描繪了一幅清晰的職業發展藍圖。因此，我推薦每位想要升職的專業人士都該讀一下這本書。

——馬歇爾・葛史密斯（Marshall Goldsmith）
紐約時報暨全球暢銷書作家

基於大量對領導力的研究以及對管理人士的調查研究，艾米妮亞・伊貝拉著成《破框能力》一書。該書富有洞察力，同時提供了諸多實用建議，告訴讀者應該如何去做最難做的一件事——改變自己。透過動手去做，而不僅僅是思考，我們才能成為一名優秀的領導者。

——琳達・希爾（Linda A. Hill）
哈佛商學院教授

想要成為一名優秀的領導者，你要學會「先行動後思考」。讀完這本書你就會明白這位有獨創精神的思想者——艾米妮亞・伊貝拉心裡的想法是什麼。

——夏綠蒂・比爾斯（Charlotte Beers）
奧美公司前CEO，前美國國務院副國務卿

在這當今變化無窮的世界中，領導力變得越來越重要，同時我們也需要發展一些新技能。本書充滿智慧、引人深思，正是為那些想要提升自己影響力的人而寫，特別是與本書有相同觀點的人，讀畢後會產生很大的共鳴。

——保羅・波爾曼（Paul Polman）
聯合利華CEO

艾米妮亞・伊貝拉在本書中提出了新穎且深刻的見解，揭開了領導力的神祕面紗，強調行動大於思考，非常具有實用性。艾米妮亞・伊貝拉是一位非常好的老師，她告訴那些有志向的領導者如何突破自身限制，看到外面更為廣闊的世界。作為一個領導者，本書中所講述的故事以及所提供的方法不可不看。

——羅莎貝絲・肯特（Rosabeth Moss Kanter）
哈佛商學院教授，暢銷書作家

《破框能力》一書中，從其他角度給予領導者一個嶄新的發展範例，並提出強有力的論點：一個人需要先提升外在表現力，才能成為一名優秀的領導者，而不是先苦苦反思。

——貝絲・艾克瑟羅德（Beth Axelrod）
eBay人力資源部資深副總裁

當今的商業環境需要我們改變原有的領導方式。但是研究證實，傳統的領導力轉變方法並不是那麼有用。幸運的是，艾米妮亞・伊貝拉所著的《破框能力》，提供了一個更為實用的方法，能幫助我們成功地轉變成一名優秀的領導者。

——提姆・布朗（Tim Brown）
暢銷書《設計思考改造世界》作者，美國IDEO公司CEO

艾米妮亞・伊貝拉顛覆了常人所知的領導者轉變方法，結果證明，對於所有領導者來說，她所提出的觀點非常具有說服力，同時很具實用性。領導者們以及想要成為領導者的人，都應該讀一讀這本書，並付諸實際行動。

——史都華・克萊納（Stuart Crainer）
全球50大管理思想家（Thinkers 50）創辦人之一

經濟全球化、不均衡的人口狀況，以及人們努力工作卻徒勞無功，這些事加總一起造就了優秀領導人才稀缺的局面。因此，對於那些想要改變自己、重新定義自己工作、重新建立良好人際關係網路，以及重新認識自己的人來說，這是唯一的機會。我強烈推薦伊貝拉的這本書，它能幫助每一位想要成為優秀領導者的專業人士，抓住這次機會以獲得成功。

——克勞迪奧・費南德茲阿勞茲（Claudio Fernandez-Araoz）

全球高管獵人頭機構——億康先達公司資深顧問

本書是一本關於「職業身分」的權威著作，應該列入必讀書單。它呼籲大家動起來，靠著實際行動才能提升領導力。伊貝拉向我們證明在持續性的個人職涯發展中，外在表現為什麼比內在認知更重要。此外，她還提出一些實用且易操作的方法來提升自己的領導力。

——史都華・佛里曼（Stewart D. Friedman）

暢銷書《如何過你想要的生活？華頓商學院最受歡迎的人生整合課》作者

植基於深入的研究，伊貝拉突破傳統領導者轉變法則，透過生動的案例，帶領我們深入地瞭解優秀領導者的轉變之路。書中她提出「先行動後思考」的方法，對人際關係網路進行了透徹剖析，並對於「身分認知」提出深刻的見解。這些新的觀念，將會改變我們對於領導者轉變的認識。

——琳達・葛瑞騰（Lynda Gratton）
倫敦商學院管理學教授

精準找到提升領導力的辦法，是一件非常困難也非常難以弄懂的事，但是伊貝拉卻精準地提出了「做」的原則，來解開這一難題。本書中所用的研究方法非常新穎，對於新晉領導者或是已經做了很多年的領導者來說，都是一本必讀好書。

——傑佛瑞・喬瑞斯（Jeffrey A. Joerres）
萬寶盛華公司總裁執行長

伊貝拉幫助讀者瞭解到在深入思考之前，應該先改變做事方法，這才是學習改變的最佳方法。她所提出的「先行動後思考」的方法很新穎，極具價值。

——大衛・肯尼（David Kenny）
氣象頻道公司CEO

在這個社交網路發達的時代，幾乎每個人都有可能成為領導者，因為你不僅有領導者的氣質，還做著領導者該做的事，這些都與本書的觀點一致。《破框能力》告訴讀者，要成為一名優秀的領導者，就要先行動起來，而不是埋頭自省。此方法雖然與傳統的領導者轉變法則相反，卻不失為一種聰明的做法。

——妮洛芙・莫晨特（Nilofer Merchant）
暢銷書《從1到1+》《社群時代創造價值的11個準則》作者

我喜歡這本書，它告訴我們成為一名優秀領導者的祕訣是——每天做一點小事累積而成。《破框能力》這本書彙集了許多非常實用的觀點，非常有效地幫助你成為一名優秀的領導者。

——珊蒂・奧格（Sandy Ogg）
全球最大私募基金公司黑石集團營運合夥人

你是否一直在紙上談兵？在這本書中，艾米妮亞・伊貝拉為你提供了不再紙上談兵的「解藥」。她認為領導者成長的過程更多是由外部改變所引起，而並非內部開始。透過細緻地觀察及深入研究，她歸納出了「由外而內」原則，提出了增加提升領導力機會的諸多實用建議。

——丹尼爾・品克（Daniel Pink）
暢銷書《未來在等待的銷售人才》《動機，單純的力量》作者

當今社會飛速變化中，在如此背景下，許多人立志成為一名優秀的領導者。艾米妮亞・伊貝拉的新書，能幫助這些人學會如何擴展業務範圍，怎樣才能提出更多好的策略性意見，如何擴建人際關係網路，以及鼓勵他們試著朝不同的方向發展自己。

——吉爾伯特・普洛斯特（Gilbert Probst）
知名經濟學家暨世界經濟論壇國際領導者辦公室主席

艾米妮亞・伊貝拉推翻了傳統的領導者法則，向我們證明了個人的成長和轉變，是建立在真實存在的經歷上面。當今社會面臨著巨大挑戰，領導力對於未來經濟和社會都會產生巨大的影響，這種呼籲領導者行動起來的文章，能大大增加領導者的實踐能力，本書應該讓更多的人看到。

——李察・史特勞布（Richard Straub）
彼得・德魯克歐洲學會會長

目錄

第3章 建立良好的人際關係網路

第4章 試著朝不同方向發展自己

第1章

成功者的能力陷阱

「我就像一名消防巡邏員，」雅各說，「每天從工廠的這一頭跑到另一頭解決各種問題，僅僅是為了確保生產線正常運行。」[1]雅各今年三十五歲，在歐洲一家中等規模的食品廠擔任生產經理。為了能在組織裡成為一名優秀的領導者，雅各知道他必須從各種生產瑣事中抽身，因為這些瑣事讓他沒有時間思考其部門面臨的重要戰略問題。他得多關注該如何用最好的方法來繼續擴大業務，如何加強企業內各部門間的合作，以及如何預測這個瞬息萬變的市場。他的解決方法是什麼呢？他試著每天空出兩小時的時間來進行思考，不許別人打斷。

正如你所想，這個方法是行不通的。

也許像雅各一樣，你的工作也處於一個混亂期，有太多的事情要處理，導致沒有足夠的時間去反思業務的變化情況，以及去思考如何成為一名優秀的領導者。很多急需處理的事情綁著你，讓你沒有辦法做更重要的事。但是在努力學習成為一名優秀領導者的路上，你面臨一個更大的挑戰：那就是只有先起身行動，你才能知道關於自己、關於工作你需要做些什麼，而不僅僅是空想。

改變思想從行動開始

很多傳統的領導力培訓或輔導課程的目的是改變你的思考方式，教你學會反思你是誰，以及你要成為誰等問題。的確，自省和反思是成為一名成功者的黃金法則。首先要提高自我意識，認識自己，問問自己成為成功者的目的是什麼，內心深處真實的自己是什麼樣的。這些問題的答案，能在你成為成功者的道路上，發揮引導的作用。各種書、節目以及課程推薦的成為成功者的方法中，都包含了這一點，它們都告訴你，你需要找到適合自己的領導方式，揚長補短，才能成為一名優秀的領導者[2]。

如果你嘗試過這些方法，就會發現它們是非常有局限性的。雖然在很大程度上，它們能讓你認清你當下的能力以及領導方式，但是我們會發現，當下的想法恰恰是阻礙你繼續前行的絆腳石。所以你需要改變的是思考方式，而只有一種方法能改變它：改變你的做事方法。

亞里斯多德發現，一個人如果表現得很有美德，那他最終會成為一個有美德的

成為領導者：傳統方法 v.s .真正有效的方法

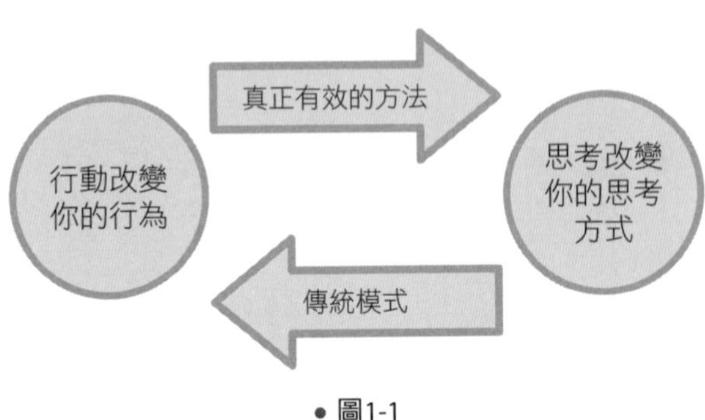

● 圖1-1

人，即多做好事就會變成好人[3]。這個說法得到很多社會心理學家的證實，研究顯示一個人若改變了他的想法，是因為他的行為先發生了改變[4]。簡單來說，改變是由外而內，而並非由內而外產生的（如圖1-1）。正如管理專家理查・帕斯卡（Richard Pascale）所說：「成年人更傾向於先做而後產生新的想法，而不是先想再以一種新的方式去做。」[5]

因此，我們要先學會像領導者一樣做事。一項關於「成年人學習方式」的研究發現，一般情況下的學習順序是「先思考後行動」；但是在一個人的改變過程中，學習順序其實是相反的。例如，如果我們想要成為一名優秀的領導者，就要學會「先行動後思考」[6]。這與普遍所熟知的學習順序的矛盾在於，在改變的過程中，我們會先看到結果，即改變讓我們產生了什麼樣的感受，身邊的人對我們的改變有什麼樣的反應，之後我們才會開始思考，把外在經歷內在化。換句話說，我們要先在行為上表現得像一個領導者，而後才會像領導者一樣思考。

如何成為一名高效的領導者

過去，我曾做過研究員、作家、教育者以及顧問。我研究過人們如何度過工作中的重大轉變期。我為《哈佛商業評論》（*Harvard Business Review*）寫過大量關於領導力以及工作轉變方面的文章（同時，還出版了《職業身分》〔*Working Identity*〕一書，該書也討論了相同的問題）。有趣的是，我所得到的結論中，大多數都與傳統的認知相悖。

由傳統研究方法得出的結論是：領導者轉變過程是由內而外產生的。之所以這個謬論一直延續到現在，是因為研究方法沒有改變。研究者們全都把關注點放在如何區分高水準領導者、創新型領導者或可靠型領導者上，之後再以此為基礎，舉例

說明哪些人是這樣的領導者，以及他們做出了什麼樣的貢獻。由此，研究者們必然會發現，高效優秀的領導者一定具有以下幾點特質：有高度的自知之明，有明確的目標導向，還要是一個真誠可靠之人，但是，卻很少有研究關注這些領導者成長發展的過程。因此，對於那些需要提升領導力的人來說，前人的研究缺少很多實用的引導效果。

與傳統研究不同的是，我的研究關注的是領導者的發展之路，即人們如何發現以及定義自己的領導者身分[7]。我發現一個人之所以能成為領導者，是因為他所做的事是一名真正的領導者會做的事。做領導者所做的工作，會引發兩個重要的轉變過程：一是外在轉變過程；二是內在轉變過程。它們之間是緊密相連的。外在轉變過程指的是建立起一個有潛力或有能力的好名聲，這能夠在很大程度上改變我們的自我認知；而內在轉變過程涉及內在動機和自我定位的轉變，這種轉變並不是獨立發生的，而是在與他人所建立的關係中漸漸發生。

如果我們像一位領導者一樣做事：如不斷提出新觀點，在專業領域之外做出貢獻，或是集合人力物力完成一件很有價值的事等，身邊的人也就會覺得我們越來越像一名真正的領導者。研究發現，社會認同及個人名聲為心理學家所謂的領導者身分內在化（Internalizing，即把自己看成一位領導者）提供了條件，進而使他們能抓住更多的機會展現自己的領導才能。例如，隨著一個人領導能力的增強，他在整個組織中受到認可的可能性也就會越來越大，也就更有可能升職；隨著職位升遷，他就又有更多的機會展現自己的領導才能。如此一來，便形成了一個良性循環。

先像領導者一樣做事，而後才能像領導者一樣思考，這樣的循環——外在改變引起的內在改變——也就是我所謂的「由外而內」（Outsight）。

「由外而內」原則

像雅各以及本書其他人的故事一樣，那些根深柢固的思考方式，阻礙我們在行為上做出改變，或者說是無法堅持改變，而這些改變正是成為一名優秀的領導者所必需的。一個人的想法，即他的價值觀、他所信仰的真理，以及他認為需要優先考慮的事情，會直接影響他的行為。因此，過去認為「由內而外」產生改變的想法，

反而會對我們的改變造成阻礙。

一個人的思維方式是很難改變的，因為改變需要外在經歷。如果不是由外而內地改變，我們的自我認知會被過去所禁錮，進一步導致思想和行為也無法改變。沒有人會比我們自己更適合為自己進行定位。改變的矛盾在於，改變想法的唯一辦法就是要做一些沒有做過的事，而這些事正是原本想法不認同的事。

「由外而內」原則是本書的核心觀點，如果要像領導者一樣思考，唯一的辦法是先像領導者一樣行事，如積極參與新專案以及新活動，與各式各樣的人打交道，以及嘗試採用新方法做事等。那些充滿挑戰的新經歷以及它們所帶來的成就，會改變那些一直限制你的固有行為和思維。在改變的不穩定時期，思考和反省是會跟隨你的行為和嘗試而發生改變的，而非反方向行之。新的經歷不僅會改變你的想法——你認為什麼是重要的，什麼是值得去做的，還會改變你未來的樣子。它們可以幫助你從新的成就裡獲得自信，讓你放棄過去的目標，還可以改變過去所習慣的做事方法。這不僅是因為過去的方法不再適用於當前的情況，還因為你有了新的目標，有更具意義、更有價值的事情需要去做。

「由內而外」與「由外而內」的區別

由內而外	由外而內
內在自我認知	外在能力表現
過去的經歷	新的經歷
思考	行動

● 表1-1

與自省相比，由外而內地改變更能幫助你重塑形象，告訴自己能做什麼。成為一名優秀的成功者，並非是你發展道路上的起點，而是自我身分認知的結果。這種認知只有在你與新認識的人，一起做新的工作時才會產生。這並不是說你因此發現了真正的自我，而是說你所做的事映射出了真實的你。

但是如果我們從相反的方向，也就是由內而外的方向來改變，那是行不通的。與大眾普遍認為的觀點相反，自省大多時候只會讓我們停留在過去，蒙蔽我們的雙眼，使我們無法發現自己的領導潛能，還會讓我們毫無準備地去面對周圍環境的根本轉變（如表1-1）。這就好比在昏暗的路燈下尋找弄丟的手錶，你需要有很強的觀察力。同樣地，解決新問題也需要這種能力，而這種能力來自於我們在做與以往不一樣的事情時所獲得的新見解。偉大的社會

心理學家卡爾・維克（Karl Weick）將其簡述為：「如何知道我在想什麼呢？只有在看到我做了什麼以後。」8

轉變過程中的迷失

為了能更清楚地理解「由外而內」原則，我們再回顧一下食品廠生產經理雅各的故事。在一位投資者買下他任職的公司後，雅各的第一個任務是帶領小組對生產過程進行升級改造。但是由於工廠裡不斷出現各種瑣事和狀況，他幾乎沒有時間去思考那些重要的策略問題，比如說如何更有效地擴展業務。

雅各認為，他之所以取得一些成績，是因為自己親自掌控所有的流程細節，還有自己的做事風格比較嚴謹。但是公司舉辦了一次三百六十度回饋（360-degree feedback）報告會，結果對他產生了毀滅性的打擊。因為在這場報告會中他發現，下屬們厭倦了這種做事風格（以及他的壞脾氣），同時老闆還希望他與其他部門的人加強合作，減少衝突。不僅如此，他還常常是最後一個才知道公司未來計畫的人。這些都讓他感覺非常痛苦。

公司被買下後，儘管雅各的頭銜沒有改變，但他所需要做的事和以前大相逕庭。過去，雅各只要在工廠的各部門間轉一轉，做一些紀錄，每次去一個部門就好。但現在，他要管理兩間工廠，新的工廠不僅是之前那間工廠的兩倍大，而且兩個工廠還不在同一個地方。之前公司內部有一個強大的溝通網路，各部門聯繫緊密，而且周圍的人都有源源不斷的新想法，所以他能瞭解公司最新的發展情況。但現在情況不一樣了，他只能依靠自己來解決問題。因為現在老闆和同事們都離他很遠，這就意味著他不能隨時和別人討論如何提升經濟效益，以及如何實現工廠現代化。

儘管他在下屬眼裡並不算個好主管，在業務上也不斷和同事們發生衝突，而且他也明顯受到其他管理階層成員的排擠，但是雅各還是和以前一樣努力工作。對於他嚴格的管理方式，以及自己親自過問細節的做事風格，他依舊感到自豪。

雅各這樣種況，是典型的「轉變過程中迷失」的例子。他厭倦了每天要顧著解決下屬間的矛盾，還要支持他們的計畫，而且他也知道他需要給下屬們更多的空間。因此，他想要把更多的工作重心轉移到思考一些策略問題上，但是每一次他想安靜思考時，總會被工廠裡一些新的問題所打斷。雅各認為，下屬們凡事都要來找他做決定，這種被動的行事方法是受到了前輩們自上而下管理方式的影響，但是他卻沒有發現，他自己已經迷失在領導者的轉變過程中，因為他沒有意識到，由於外部環境的變動，他也需要做出相應的改變，而不是按照以前的方法行事。

為什麼「由外而內」地改變很重要

工作上發生變動，通常就意味著是時候調整或重塑你的領導者形象了。與過去相比，現在重要的轉變不僅僅是一個頭銜或是一件晚禮服的改變，而是一些或微妙或明顯的變化。這些變化會讓別人對你產生新的期望（儘管有時候不是很明顯），他們會期望你做出不一樣的事，或是期望你改變一下做事風格。轉變時機是一個很模糊的概念，而雅各正是遇到了這個問題。如圖1-2，來自我二〇一三年的一項調查，顯示的是二〇一一年到二〇一三年間，調查對象的管理工作的變化情況。

管理工作的變化並不是一件小事，我們需要進行相對應的調整。然而在被調查

2011～2013年間，管理工作的變化情況

該比例是由被調查者過去兩年內所做的工作統計得出

項目	比例
公司股東發生了變化	56%
跨職能管理的增加	53%
工作環境的重大改變	49%
跨國工作的增加	42%
增加了至少30%的下屬	41%
接管一個或更多新的職能	40%
業務獲得利潤或虧損30%以上	30%
創業或開闢新市場	22%

資料來源：2013年10月，參與歐洲工商管理學院（INSEAD）所開設的領導者培訓課程的173位校友的調查情況

● 圖1-2

的對象中，只有四七％的人在兩年內升職。而其餘的人就像雅各一樣，還做著以前的工作，職位也沒有發生變化，卻還在期待著能成為一名更優秀的領導者。對於他們來說，外界認可和指導的影響已經微乎其微，現在需要做的就是我所說的，是時候在行動上做出改變了。

不管你從事目前的工作有多久，或是離更高一階的職位有多遠，如果你所處的環境發生了變化，那就意味著那些讓你獲得目前成績的東西，如今已經沒有辦法繼續給你帶來更多的成績了。當今社會變化的步伐越來越快，意味著我們需要學會靈活處理問題。很多人都理解靈活處理問題的重要性：在上述調查中，七九％的人都同意「把你帶到目前位置的能力，不能繼續把你帶到另一個位置」[9]。但是他們發現重塑自己是一件很難的事，因為重塑自己所需要做的事，與他們對工作以及對自己的認識產生了衝突。

如果目前所處的環境需要你改變自己的行事方法，那就意味著你更需要透過「由外而內」來實現轉變（見本章末的「自我評估：你目前的工作環境告訴你現在需要做出改變了嗎？」），如果你無法突破日常瑣事的限制，創造出新的機會，那麼轉變也許永遠也無法實現。

「三步驟」助你實現領導者轉變

本書介紹了什麼是「由外而內」原則，並講述如何實現「由外而內」的改變。無論你目前的工作是什麼，本書能夠幫助你進一步成為一名優秀的領導者。本書的觀點與領導者轉變課程的理念是一樣的。領導者轉變課程是我在INSEAD（歐洲工商管理學院）開設了十多年的一門課程，約有來自三十多個國家的五百多人參與學習。我讀過他們的自我評估，並對每一位參與者進行了三百六十度回饋分析，聽他們講述自己所遇到的挑戰，並持續調查第一次課程結束後三個月內的進展情況。在這門課初期，我和同事運用「由外而內」原則，幫助參與者成功地實現了領導者轉變。

本書和上述課程都基於我數十年來對工作轉變的研究。「由外而內」的概念，主要來自於早期關於人們如何從專案管理人員升級到客戶諮詢顧問的職業轉變的研究[10]。透過研究，我發現自省並不能幫助人們適應一份完全不同的新工作，甚至沒

法解答他們是否願意去做這份新工作。此外，這些研究結果還能說明人們如何成為一名領導者。

關於如何改變外在行為的諸多觀點，也都來自於我個人的研究。例如，我的博士論文研究主題——為什麼有的人提出的創新方法能取得成效，而另一些人卻失敗了。透過這些研究，我得出了本書中所討論的觀點：領導者需要擴建人際關係網路[11]。

隨著領導者轉變課程的發展，研究對象增加至兩組，我也進行了更加深入的調查。我和助手進行了為期一年的調查研究，採訪對象來自各行各業，一共三十人。同時，我們對一些人進行個案研究，本書中所講的故事，都是來自這些個案研究。幾年後，我們又對另一群人進行了採訪，採訪對象來自某大型日用品消費公司四十名極具潛力的管理人員，他們都在為了升遷而努力。我們希望能幫助他們認清升遷路上會遇到的盲點，並提供相對應的策略。

同時，我利用這些機會來證明或改進我所提出的「由外而內」原則以及其他觀點。我把研究結果分享給十幾家不同的公司，分享給校友、各個人力資源部門，以及某些人材管理組織。我與一些獵人頭公司針對他們所選中的領導者的高失敗率進行過討論，也曾認識一些研究領導力發展方面的專家，他們嘗試在自己公司內部進行其理論實用性的研究。

根據調查結果，我對課程做出了適度的調整。二〇一三年，我向校友進行了一項調查，調查內容包括：他們的工作是如何改變的，領導者應該具有哪些必需的能力，哪些東西可以幫助他們成為一個優秀的領導者，以及他們目前仍然面臨的問題。調查所得出的結論，正是本書中所說的「由外而內」原則，以及如何增加外在表現力來成功實現領導者轉變。

「由外而內」原則如何幫助你成為一名成功領導者

本書詳細描述的領導者轉變方法，都是根據以下三個增強外在表現力的方法而成：一是思考你的工作類型；二是轉換新角色或參與新活動能讓你接觸到不同的人，這些人有著與你不一樣的世界觀；三是重新審視自己。因為只有當你受到新環

境的挑戰或接受外界新的刺激時，才會產生如此多樣的新想法。實現「由外而內」的轉變，並非是件一次就能成功的事，而是一個不斷檢驗舊的假設，提出新可能性的過程。

所以要實現轉變，最好的出發點就是先重新定義工作，然後重建人際關係網路，最後再改變做事方法（如圖1-3）。

這三個方面形成了一個穩定的三角關係，能幫助你定義或塑造你的領導者身分（也有可能造成阻礙）。如果忽略其中的一點，這個關係就會不穩定。這就是為什麼如果你的工作性質與人際網路沒有發生任何變化，即使你每天花大量時間自省，也無法實現轉變。

確切地說，「由外而內」原則是如何幫助你實現轉變的呢？下面我們就用雅各的例子來檢驗一下這三個面向如何發揮作用。

「由外而內」原則：成為一個領導者，需要由外而內的改變

● 圖1-3

重新定義你的工作

雅各的直覺告訴他，想要成為一名成功領導者，首先要學會把時間投資在有意義的事情上。但是花兩小時的時間靜靜地坐在辦公室裡，並不是一項正確的投資。所以，雅各真正需要做的是嘗試多與外界溝通交流。

在如今這個高速發展的商業世界中，價值的創造大多來自於合作，這意味著我們需要打破自給自足的企業界限[12]。在這樣的環境中，如果一個人不僅能預測事物發展的方向，還能集合一群人朝著這個方向努力，那他最終就會獲得最為豐厚的報酬——可以得到別人

的肯定，具有一定影響力，以及社會地位的改變。所以，如果雅各想要成功，首要任務就是重新定義自己的工作，即把工作重心從關心生產瑣事，轉移到瞭解公司大局的發展情況上，並經常與同事溝通。如此一來，他能與其他部門或組織建立更為緊密的合作關係，進一步在生產營運方面獲得更多的優先權。現在，他需要瞭解工廠的營運方式以及工廠的變化情況，還要嘗試擴大自己的影響力，來贏得那些重要角色的關注，這些工作任務都與他之前所做的大不相同。

正如前面所提到的，雅各嘗試關注近兩年來公司所需要的資本投資，但是他根本沒有時間去思考此類問題，因為就像他所說的，自己像一個消防巡邏員一樣，到處巡視工人的工作情況，同時檢查生產設施是否完好。而他的老闆希望他能根據工廠整體的生產情況，製作出一份詳細的策畫方案，而不僅僅是監督各項生產瑣事，這一點他是知道的。

目前為止，雅各的努力還是獲得了一定成效，而這是很多管理者在這個發展時期的典型狀態。在職業生涯的早期，我們被限制在自己的專業領域範圍之內。當我們開始轉變為領導者時，通常也都只是在原有的職能範圍或專業領域內，特別是在我們擅長的領域內。一旦我們想要扮演一個更高等級的領導者角色，情況就會發生根本上的改變[13]。我向調查對象提出一個問題：「你認為什麼樣的能力對於領導者來說是最重要的？」他們所列舉的眾多能力中，很多都與「由外而內」原則所提出的內容一致（如下頁圖1-4）。不出意料，五七％的管理者都認為「例行公事及生產瑣事占太多時間」基本符合或完全符合他們的情況。

正如心理學家所說，我們應該做的事，與我們實際做的事常常是兩件完全不一樣的事[14]。從認真做事得到滿意的回報轉變成為別人提供策略指導，並不是一件容易的事，這需要我們學會與組織外部的人進行合作。也就是說，過去我們只要提出好的想法就行，但現在需要花更多的精力，去想辦法吸引更多股東來認同並支持我們所提出的想法。最終，我們會一步步遠離那個只會完成上級下達的命令的自己，而慢慢轉變為能為業務發展方向做決策的人，即使有時候形勢並不明朗。所有的轉變都取決於我們是否能改變自己的想法，即改變原先所認為的重要的事。只有學會重新分配時間，才意味著我們開始了轉變。轉變的唯一起點，是放下之前那些繁瑣的日常工作。

受訪者認為這些能力對於領導者來說很重要或非常重要

能力	比例
跨組織或跨職能合作	97%
鼓舞或激勵別人	92%
說服股東接受/支持自己的技術理念	90%
提供策略指導	86%
在形勢不明朗的情況下做決定	85%
非職權影響力	85%

資料來源：2013年10月，參與INSEAD所開設的領導者培訓課程的173位校友的調查情況

● 圖1-4

本書第二章會繼續討論「重新定義你的工作，是增加外在表現力的第一步」的問題。要想成為一名優秀的領導者，就要先改變你的日常工作範圍，從各種技術操作需求轉變為提出更多的策略性指導。優先去做組織或公司外部的工作，這樣才會習慣外界環境，並能抓住機會多接觸專業領域之外的工作，只有這樣才能在組織或公司內外增加你的貢獻，並放下繁瑣的日常工作。所有的這些都會提升你的外在表現力，進而讓你覺得自己越來越像一名領導者。

擴建人際關係網路

如果雅各僅僅是站在一個工廠生產管理的層面上來看問題，就很難提出一些比較有遠見的戰略。哈佛大學教授羅納德・海菲茲（Ronald Heifetz）將一間公司比喻成一座劇院，並分成「底層舞台座位」（On the Dance Floor）和「高層包廂樓座」（Up on the Balcony）[15]。如果雅各想要成為一名優秀的領導者，他就需要學會把目光放在大局上，把更多時間用在處理「高層包廂樓座」中發生的事。因此，他應該學會擴建自己的外部人際關係網路。

最重要的是，他需要明白他所扮演的角色應該是一座橋梁或一個樞紐，連接他所在部門與組織其他各部門，這樣才能發揮他的最大價值。和其他很多成功的管理者一樣，他習慣了透過建立可靠且廣泛的內部人際關係網路來完成工作。多年來，這樣的人際關係網路發揮了極大的效用。對於雅各來說，這些網路只涉及各類操作問題，這對於工作資訊交換，以及為團隊吸收人才等方面都是非常有用的。但這樣的人際關係網路，對雅各未來發展的幫助卻是微乎其微，因為它將雅各限制在目前的環境中，無法獲得新的想法。

如果得從事自己專業領域範圍之外的事，或是需要他們提出能符合大局的策略，很多管理者都沒有辦法完成這樣的任務，因為這不僅僅需要強大的分析能力，還需要廣泛的人際關係網路基礎。很多人都認為，把時間花在擴展自己的外部人際網路關係上，即與股東或是與那些可能成為股東的人交換資訊或是互相合作，會影響他們的日常工作，然而實際情況正好相反。學會擴建自己的外部人際關係網路，是領導者轉變過程中最為重要的一部分。

那麼，我們如何才能做到在提出策略時，多考慮一下跨職能問題呢？該如何獲得做出重要決策所需要的洞察力和信心呢？很多富有經驗的領導者認為，與其他職能或其他公司的管理者（在我們領導範圍之外的人）建立起直接或間接的聯繫，對於弄清我們的策略是否能適應大局、如何推銷自己的觀點、理解相關產業發展方向，以及與其他人競爭資源這些方面來說，都是非常重要的。只有與這些人建立關係，我們才會瞭解他們的工作及其做事方法，並對其進行評估。這些從外部獲得的洞察力，能幫助我們瞭解我們應該把工作重心放在哪裡，進一步弄清楚什麼事是應該做的，什麼事是不可以做的。

人際關係網路之所以重要的另一個原因是，在我們剛接觸一件新的任務時，我們需要有經驗的人的建議和指導，以及周圍其他人的反饋來幫助我們成長和進步。在最開始的時候，我們的努力需要得到別人的肯定，還需要前人的鼓勵和指導，並親自為我們進行示範。當我們不確定前進的方向時，其他人所提供的建議也能為我們指明道路。

但參與領導者培訓課程的學員的情況並不是很好，他們當中大多數的人際關係網路都局限於所在職能、單位或組織內部，這樣的人際關係網路只能幫助他們取得

目前（或過去）的成就，但在成為一名優秀的領導者道路上沒有任何幫助。我們可以看到，雅各自己發現了這個問題。課上的許多學員都說，他們無法從部門或公司內部得到所需要的資源，同樣，我的調查結果顯示我們需要從部門或公司外部來獲得幫助。上級或前輩的支持排在第四位，他們能讓管理者學會自己動手做決策（如圖1-5）。

事實上，只有一〇%的受訪者認為「在事業上需要有一個導師或支持者」這個選項，非常符合他們的情況。因此，想要成為一名優秀的領導者，不僅僅需要參與新活動或改變想法，還需要學會用一種新的方法去學習，即學會更積極地自我引導，或是向同級的人學習，又或是在公司外部學習。簡而言之，你需要積極地去建立新的人際關係網路，並且從中獲益，至少可以與上級建立更為密切的關係。

本書第三章會進一步說明良好的人際關係網路，對成為一名優秀的領導者來說有多大的幫助——良好的人際關係網路如何幫助你擴展業務，並重新定義你的工作以及你自己。如果你現在還是忙於處理所屬單位內部的瑣事，並認為所謂的人際關係網路只是為了利益而利用別人的手段，那麼在本書的第三章，我會列舉出一些簡

擴建人際關係網路：能幫助你成為一個更高效的領導者

在外部建立人際關係網路：受訪者們評價以下選項是否會對成為一個更高效的領導者起到極大幫助。

選項	比例
外部培訓	88%
朋友和家人的支持	62%
與同行或外部網路建立關係	57%
上級或前輩的指導或回饋	56%
導師或榜樣的幫助	51%

資料來源：2013年10月，參與INSEAD所開設的領導者培訓課程的173位校友的調查情況

● 圖1-5

單的原因來告訴你，為什麼建立一個良好的人際關係網路是一件有價值的事。

試著朝更多不同的方向發展自己

為了真正重新定義工作以及過去所依賴的人際關係網路，雅各應該試著朝更多不同的方向發展自己。工作範圍和人際關係網路的本質，都是自我概念（Self-concept）的產物，這些自我概念包括個人喜好、優缺點、風格偏好以及舒適圈（Comfort Zone）。現在，雅各的做事風格需要改變，從習慣性地領導下屬一起做事，轉變為分派任務給下屬，這樣就可以空出時間來與其他部門建立更多合作關係。這樣的改變過程並不穩定，因為它們與內心真實的自我概念產生了很多的碰撞。

相較於參加新活動或擴建人際關係網路，在轉變時期更重要的一件事是重新定位自己的身分。他們必須改變對自己的看法，別人對他們的看法，以及改變那些促使他們行動的工作價值觀和個人目標。

雖然說自我改變的確會影響領導風格，但並非僅僅如此。請看這個例子：我所調查的管理者中，有一半的人認為「我的領導風格有時會阻礙我繼續前進」這個說法基本符合或完全符合他們的情況。雅各承認，如果結果沒有達到預期的效果，一般情況下，他就不會再給團隊成員更多的時間和空間去尋求解決辦法。當像雅各這樣的管理者，被問到是什麼阻止了他們改變自己的領導風格時，許多人的回答都是：我們堅持只看結果，並且會不惜一切代價完成，事實證明這樣的領導風格是有用的。他們認為那樣的領導風格是職業身分的重要組成部分，一旦改變的話，他們就不再是原來的自己了。因此，他們打從內心深處就不想改變。

下面再來看一個例子，在「你認為什麼能力，對於成為一個有效的領導者是最為重要的」這項調查中，結果顯示「鼓舞或激勵別人」排在第二位。雅各也將這個選項排在第二位，儘管他的團隊成員認為他並沒有做好這項工作。鼓舞或激勵別人能讓你與他人更順暢地交流，讓他們能更確切地理解你說的話，但是這並不是一件可以從工具盒裡拿出來的工具，而是一種能力的展現，是一種你是否能向每一個和這項任務相關的人有效傳達你的想法和目的的能力[16]。當你無法自然地展現這種能力時，你就會把它當作一項必須做的任務逼迫自己去完成。同樣地，只考慮組織政治問題與真實自我之間的矛盾，都將是你成為一名優秀領導者的阻礙[17]。在我的學生中，儘管一些有志向的學員認為「非職權影響力」是一項很重要的能力，但是很多人仍然沒有辦法做到，因為他們把努力提升影響力看成了取得升遷的政治手段。

例如，如何跳出舒適圈去尋求發展，以及讓自己適應帶有政治性質的組織等課題，都更需要一次次地嘗試各種不同的方法，而不僅僅是採取你最先想到的那個處理方法。當你嘗試了各種不同的方法定義你自己，你會喜歡探索，在你更瞭解自己要如何發展之前不會做出承諾。你的關注點會從結果轉移到學習過程。如果你並不適合現在這樣的角色，你就可以選擇嘗試成為另一種人。

本書第四章詳細解釋了為什麼嘗試適應各種挑戰，會讓你覺得自己像一個騙子。沒有人想在轉變的道路上迷失，然而要想像領導者一樣思考的唯一辦法，就是像領導者一樣做事，即使最開始的時候你可能會覺得這並不是真正的你。第四章將告訴你如何不要再以真實的自己為藉口，來限制你的身分發展。在你嘗試成為另一個人（或還未成為的另一個人）的過程中學會的外在表現力，遠遠比反思你會成為什麼樣的領導者更有幫助。

過程和結果，哪個重要？

成為一名優秀的領導者不是一個專案或一個結果，而是一個過程。首先你需要瞭解這個過程，才能為之努力而獲得成功。

從「發現轉變時機」到「轉變能為你帶來越來越多的好處」之間，是一個持續成長的過程，這個過程並不是你想像中那樣直線地發展。所有的邏輯理論都告訴我們，轉變過程很少會出現你所期望的持續向前邁進，甚至還可能看不出有任何進步，總是不斷地向前又後退。但是如果有一天，你在這條路上學到了足夠多東西，前進的態勢就會一直保持下去。

大多數關於領導者如何從A點（起點）達到B點（終點）的書，僅僅是簡單地說明了B點是什麼樣的，即一名優秀的領導者應該是什麼樣的。或是告訴你如何選擇一位優秀領導者為榜樣，然後教你計算你和榜樣之間的差距，再為你提供一些非常簡單的策略，從理論上教你如何拉近你和榜樣間的距離。卻很少有書引導你如何應付A到B之間，可能會遇到的各種複雜情況。

本書第五章會主要解釋這個複雜的前進過程，並預測A與B之間各階段的順序。這樣你就能對變化過程中，不可避免的複雜情況有所準備。當問題出現的時候（它們一定會出現的），第五章的內容將會讓你不被問題所難倒，進一步建立起能持續變化的基礎。當你有了全新的自我認知並能帶來更大的改變，你就成功地實現轉變，而正是這些新的經歷塑造了一個全新的你。

你和雅各有多少相似之處？過去的這幾年裡你的工作方式改變了多少？你的人際關係網路又發生了什麼樣的變化——是否有所成長與擴展？以及你在多大程度上願意去挑戰你的自我認知？之後四章的主題都是圍繞這些問題展開。要成為一名優秀的領導者，只有「先行動後思考」才能幫助我們成功地實現領導者轉變，像雅各一樣。

傑克・威爾許（Jack Welch）說過一句很有名的話：「當外在的改變速度超過內在改變速度時，終點就在眼前。」[18]在你開始讀這本書的其他內容之前，請先停下來花點時間評估一下你目前的工作環境，看看它是否已經提示你現在正是主動去進行轉變的時候了（見下頁「自我評估：目前的工作環境是否告訴你，現在需要做出改變了？」）。

自我評估：目前的工作環境是否告訴你，現在需要做出改變了？

	是	否
1. 在過去的幾年裡，我所處的產業發生了很大的變化。	____	____
2. 公司的最高領導管理者已經換過人了。	____	____
3. 公司的規模近期已大幅縮減。	____	____
4. 我們正在進行重大改革。	____	____
5. 我們出現新的競爭對手，是幾年前還沒有的。	____	____
6. 科技正在改變這個產業的商業模式。	____	____
7. 我需要與利益相關者有更多的互動，才能完成工作。	____	____
8. 我待在同一個職位已經超過兩年以上。	____	____
9. 我曾被派去上領導力培訓課程。	____	____
10. 我們的業務變得越來越國際化。	____	____

計分方式

請計算你回答「是」的總數：

8－10 你所在的環境正在發生巨大變化，你的領導方式也必須做出改變了。

4－7 環境中的某些重要部分發生變化中，因此，大家也期待你能提升領導能力。

3或以下 產業環境正在經歷為了改變的等待期，你也必須做好準備。

精華摘要

- 為了成為一名優秀的領導者，你要學會像領導者一樣去思考。
- 你思考的方式來自於你過去的經歷。
- 改變想法的唯一方法，就是去做與之前不一樣的事情。
- 去做——而不僅僅是去想——才會增強你的外在表現力，而這些外在表現力是一個領導者所必需的。
- 穩定的「三腳架」（tripod）關係能提升你的外在表現力：新工作、新關係以及新自我。

第2章

重新定義你的工作

當我問我的學生，有多少人曾經嘗試過改變？大概九〇%的人都說他們嘗試過。當我問他們結果如何時？很多人都承認自己還有很大的提升空間。惰性、阻力、習以為常的日常工作，以及一些根深柢固的企業文化，總會阻礙他們改變的步伐。

毫無疑問，在領導者能力中，排名第一的應該是學會改變的能力。但是，現在的社會節奏太快，資源有限，很多人都只能把所有的精力放在目前的工作上。我們不僅沒有時間去思考當下的事情，更難以抽出時間去思考發展的新趨勢或是進一步提升自己。這就是為什麼我所調查的對象中，大部分人的時間都被日常的瑣碎工作所占據。

最近，有一位學生向我說：「我知道我應該空出時間去思考一些策略上的問題，但是所有的同事都在努力工作，所以我不想落後。」她目前陷入了迷茫的境地，不知道自己該做什麼。她只知道，自己的貢獻十分有限。她只是把客戶所需要的事情做好，卻沒有停下來想一想，分派到每個人手中的工作最後如何整合在一起，或是如何優先處理分派給她的任務。但是她不敢停下來多想，因為身邊所有人

都在不停地工作。

採用更具策略性的方法來做事是什麼意思呢？追根究柢就是，在眾多排序待辦的工作中，採用策略性思考能讓我們弄清楚應該做什麼、如何去做，以及為什麼要做。不幸的是，很少人有時間去進行這樣的策略性思考。

梳理一下你的日常工作。我所遇到的大多數管理者，每天上班的第一件事是查看需要緊急處理的郵件，然後與團隊進行各種又長又無聊的例行會議，或是與重要客戶進行電話會議。他們還會不停地出差，處理人才短缺及新市場的營業額問題，或是處理更多緊急問題。在處理這些任務時，他們還需要遵循各種組織化的規章制度。這些事情為他們的工作增加了前所未有的負擔，讓他們所背負的責任越來越重。漫長的一天快結束時，郵箱又多了很多未讀郵件，還有各種報告（預算或是分析）等著他們去完成。所以他們很少有時間去思考做這些事的原因，以及工作的意義和目的。

不管你是要接任一個新角色，還是你只是想衝破目前的限制成為一名優秀的領

重新定義你的工作來強化「由外而內」原則

● 圖2-1

導者，本章會告訴你如何運用「由外而內」原則，來採取一些更有策略性的方法去做事。它會告訴你如何重新分配時間，優先處理一些過去不常做的事，這些事會增強你的能力，讓你有時間進行更多的策略性思考，讓你能從一個更廣闊的視角去審視你的工作——看看你的團隊在大局中所處的位置，以及你的貢獻力量有多大（如圖2-1）。

從「不對」轉變到「對」

蘇菲是她們公司採購部門的一顆冉冉升起的新星。當聽到大家在討論採購部門要徹底重組的消息時，她非常吃驚，因為她竟然完全不知道這件事。為了拿到年終獎金，她將精力都放在了關鍵的業績指標上，卻沒有發現公司中其他競爭同事的變化。公司內部競爭者的變化，使得她傳統的採購和入庫方法變得昂貴且低效。她也沒有發現這個變化導致的公司內部資源重組、組織高層的變動，以及她的上司現正面臨的增加成本效益的壓力。她是最後一個聽到這些新消息的人，更別提參與他們的討論了。

儘管她擁有一支忠誠高效的團隊，但是在團隊外部她卻很少與別人建立聯繫，甚至和老闆也沒有什麼交流。她把時間都花在提升採購部門的業績上，所以忽略了市場最新的發展趨勢。製造商在進行內部擴展的時候，她所在的職能領域——採購也在改進範圍之內，因此她需要做出調整，實行戰略性採購，要與供應商建立更穩定的合作關係。但是由於她缺乏創新能力，所以在完全沒有準備的情況下，競爭對手的提案贏得了老闆的青睞。

她的第一反應就是防禦。她反駁說，採購是她的專業領域，而且她之前所取得的成績是不容忽視的，所以以業績來看的話，她應該成為該部門的主管。但是她的老闆期望主管能在這個位置上坐滿三年，在這個位置上的人應該具有更廣闊的視角，懂得與其他領域或公司的人進行合作交流，而這些方面的能力她都很缺乏。不僅如此，她的老闆還認為她的想法比較狹隘。由於缺乏更深入的策略性思考，她所提出的採購計畫並不適合公司的發展——因為沒有考慮市場的新變化以及公司的情況。

起初，蘇菲想過辭掉這裡的工作，去一個「政治性較少」的公司，但其實她只是想把分派給她的任務完成就好。對她來說，唯一的方法似乎是要花時間與老闆多進行交流，而不是只顧著採購業績。在一位高階管理幹部耐心地為她進行一些指導後，她才開始衝破枷鎖，與公司內外的人進行更多交流。她試著瞭解了一下其他公司目前的情況，接著諮詢顧問，請他幫忙縮小她的選擇範圍。這些舉動讓她和公司各個部門的高階管理者有了更多的接觸。從他們身上，她學到了他們是如何看待市場的發展情況的。最終，她對工作的定義以及未來工作方向的認識發生了一百八十度的大轉變。她看到了一個非常不同的採購策略，而這個策略正是公司所需要的，而這與她之前一直在做的事沒有太大的關係。

蘇菲看清她之前的路之所以艱難，是因為她把時間都花在了那些「不對」的事情上。她和我的調查對象一樣，花很多的時間做自己擅長的事。他們根據各自的專長，把工作定義在一個較窄的範圍內，把自己的活動範圍限制在過去能給他們帶來最大價值的持續性成果的領域。事業初期，他們需要扮演這樣的角色。但是經過一段時間以後，別人對他們的期望會發生改變。所以想要避免發生像蘇菲所遇到的這種能力陷阱（Competency Trap），你需要明白，那些曾經對你有用的想法和工作習慣，只有在禁得起考驗後才可能一直適用，否則就需要改變。

避免能力陷阱

我們都喜歡做那些我們擅長的事。運動教練告訴我們，業餘高爾夫球手花費太多的時間練習他們最擅長的招式，而忽略了其他各個技術也需要更多的練習。同樣地，每年我們都會看到，在一項新的技術發布後，曾經在某一領域具有權威的領導者便失去了領導地位[1]。

這正是因為日常工作占據了進行策略性思考的時間，讓你沒有時間做更有價值的事。正如運動員、公司管理者以及專業人士一樣，他們把精力過度地投資到錯誤的事情上——因為他們以為過去讓他們獲得成功的東西，在將來也會繼續發揮作用。但最終我們會發現自己陷入了一個困境，那就是之前的那些日常工作，已經不能再滿足新環境的需求了。

下面我們來看看某飲料廠商分公司總經理傑夫的故事。傑夫是一名非常優秀的銷售業務，因此被提拔成了業務經理。此外，他還連續兩次擔任地區主管，並獲得了不錯的成績。他在第三次任務中被派去印尼，雖然此次任務的規模和範圍都比之前更大，但看起來工作性質和之前的兩次都一樣。所以兩年後，每個人都認為這是一個很好的轉變時機，傑夫自己也認為他所做出的這些成績能讓他擔任更高的職位。但是老闆卻不再分派新的任務給傑夫，因為傑夫在印尼的業績並沒有很好，所以老闆開始重用其他人。

到底發生了什麼事呢？儘管和之前相比，傑夫沒有什麼失誤，但是他的老闆現在希望能看到傑夫有更強的領導能力，但傑夫的表現並不出色，所以老闆不確定他是否有能力擔任更高的職位。

在老闆看來，傑夫很有可能要失去總經理的位置了。因為公司在當地市場需要新的數位技術來完成新的發展，而公司裡只有拉吉夫一個人與這方面的技術專家有接觸。性格外向、善於人際交往的傑夫，對於ＩＴ技術以及數據方面的事沒有耐心，但是他的市場經理拉吉夫卻對這方面特別感興趣。他們兩人的興趣不同，讓他們之間的交流變得非常困難。拉吉夫認為他的工作是把新的市場技術與業務目標結合起來，作為集中集團品牌的聯絡中心，為它們評估並選擇技術提供者，輔助其製作新的數位商業模式。而傑夫希望拉吉夫把更多的時間放在與集團的經銷商建立關係上，因為這是傑夫最基本的銷售策略，而且他認為拉吉夫沒有盡到一個銷售業務應盡的職責。所以每次他們進行討論時，談話都會陷入僵局。而傑夫並不知道他的老闆正擔心他無法處理這樣的團隊問題。

此外，老闆很不滿意他經常忽略公司的重大舉措，因為他的疏忽，那些品牌部門和相關的部門機構都未能及時獲取資訊並參與進來。一開始，傑夫的老闆對於他這種特立獨行的辦事方法還算有耐心，因為他的行動相較果斷。但現在老闆很不確定他是否能夠適應這個變化莫測的環境。利用過去的經驗，傑夫在印尼的任務中獲得了一定的成績。但是電子商務事業需要領導者們學會將所有的事情都歸入行銷的範疇，例如，要學會如何直接用網路來進行品牌宣傳。但是傑夫還是繼續他之前的做事方法，而不顧公司其他人的意見。

不出所料，他所帶領的團隊沒有再取得更多令老闆滿意的成績。傑夫不斷地干涉下屬們的工作細節，而這正是阻礙團隊發展的原因。領導者培訓指導老師馬歇爾・葛史密斯（Marshall Goldsmith）開玩笑地把這種微觀管理行為形容為「讓自己在團隊裡過於有價值」（Add Too Much Value）[2]。傑夫希望老闆能給他分派新的任務，但不幸的是，正是他自己讓自己變成了團隊裡不可缺少的一部分，以至於沒有其他人能接任他的職位。下面讓我們來分析一下傑夫是如何讓自己陷入能力陷阱的。

我們很樂於去做那些我們擅長的事，於是就會一直去做，最終讓我們會一直擅長那些事。做得越多，就越擅長，越擅長就越願意去做。這樣的循環能讓我們在這方面獲得更多經驗。就像是毒品一樣，我們被它深深吸引，因為我們的快樂和自信

都來自於此[3]。它還會讓我們產生迷思，讓我們相信我們擅長的事就是最有價值且最重要的事，因此值得花時間去做。正如一位非常坦誠的管理者曾經跟我說的，要跳出這樣的循環是件很難的事。他說：「我得罪了很多人，因為我與他們常常為需要先處理什麼事情的問題發生爭執。後來我漸漸明白：你忙於做你喜歡以及你認為重要的事，這就是問題所在。因為這會讓別人覺得你不尊敬他們。你就會問自己，我想做這個嗎？我應該去做但是可能永遠不願意去做。」

他和傑夫很像，他們總是解決別人的問題。當老闆們沒有與重要的客戶建立聯繫時，傑夫就會做這個工作。如果帳單出現問題，他就會急著趕去處理。他為了老闆工作，而不是他的團隊。「如果我看到財務上出現了問題，我沒法坐視不管。」傑夫可能會這樣說，「我必須努力解決，直到事情都辦妥了才放心。」

他的下屬和他開了個玩笑：他們根據亞伯拉罕・馬斯洛（Abraham Maslow）著名的金字塔模型，做了一個「傑夫的需求層次」（Jeff's Hierarchy of Needs）金字塔（如下頁圖2-2）[4]。在最底層（生理需求）的下面，他們多加了一層名為「解決問題」。傑夫喜歡這個金字塔，因為它和他心裡想的一樣。在他處理問題的時候，最

傑夫的需求層次金字塔

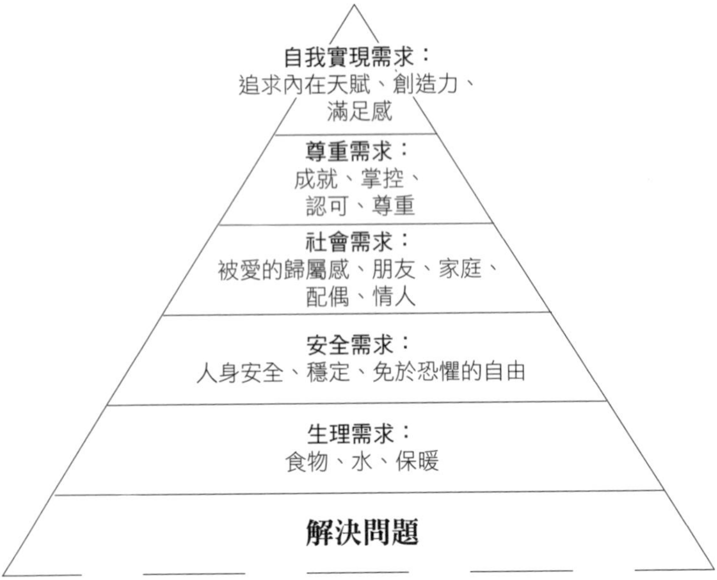

● 圖2-2

基本的需求是：自己有能力掌控事情的結果。

當我們把時間分配在我們擅長的事上時，就只剩下很少的時間能用在其他事情上，但這些事同樣很重要。我們所遇到的問題不在於我們做了什麼，而是我們忽略了什麼（同時也沒有學到什麼）。因為經驗和能力通常是良性（或惡性）循環，當需要那種能力時（經常需要的話），我們就能進一步利用它。這就造成了我們某方面的能力很強，但其他方面的能力遠遠不足的局面。

就像很多管理者一樣，傑夫把太多精力放在細節上——尤其是在他的專業領域範圍內，並且對他的團隊進行了太多的微觀管理，以至於團隊的成績完全由他一個人來領導完成。而他所忽略的事情是什麼呢？他很多事情都沒有做到：沒有為自己制定一個更穩定的轉變戰略、沒有考慮到公司的需要、沒有與團隊的重要成員進行過深入的談話，或是常常擺出領導者的架子來告訴他們該怎麼處理事情、沒有讓遠方的老闆瞭解到足夠的資訊。而這些並不是因為傑夫沒有能力去做，而是因為他不知道該如何去做，才能讓這些事看起來值得去做。

久而久之，你需要花更多的時間去學習新的東西。當我們越擅長某些東西時，花時間做其他事的機會越小。利用我們所擅長的事獲取回報，要比探索新領域（不熟卻有潛力的領域）所獲取的回報，在時間和空間上都更明確、更接近[5]。這種學習的自我強化屬性，讓人們在短期內能維持當下的關注點。

然而，當我們正在為我們的結果努力時，能力陷阱就會出現。如果我們能夠完成或是超量完成老闆交待的任務時，他們就會將我們留在目前的位置上，因為在這個職位上，我們可以表現得很好，因此這個崗位需要我們。但是他們又常常以我們沒有表現出足夠的領導潛能為藉口，來掩飾這個真實的原因。

傑夫就是過於專注解決細節問題，所以老闆認為他沒有停下來落實清晰的操作指導和績效目標來指導團隊。他沒有注意到他那些成功的市場策略，只是按照常規發展，而他的業務已經需要轉變一個新的方向。他不斷地介入只會使得另一些重要的能力發展降低了兩到三級。他為了老闆而工作，而不是為了自己的團隊而工作。這些全都是有代價的：即使他一天工作二十四小時，一周工作七天，他的團隊和老闆都不會開心。

很多人都會以自身的優勢和最擅長的技能來定義工作，所以每當我們從熟悉的領域轉換到不熟悉的領域時，都會發生與傑夫一樣的情況。要從關注日常瑣事轉變到指導團隊上是一件很難的事，因為很多事都不在我們的直接控制範圍之內，最後卻要我們達到共同的目標：做領導者的工作。第六十六頁「如何安排你的時間？」說明了轉變的重要性。

瞭解領導者們真正需要做的事

傑夫需要在哪些方面提升自己呢？為了回答這個問題，首先要考慮到的是管理與領導間始終都存在著許多不同[6]。從本質上來看，管理需要高效率地完成每日既定目標、規章程序以及組織結構等事務；而領導則是不停地改變我們要做的事，以及思考我們如何去做的問題。這就是為什麼作為一個領導者，要跳出日常工作的限制，把時間花費在向他人解釋改變的重要性上，即使改變的原因已經很明顯了。

當我們進行日常例行工作時，要問自己：「如何才能讓工作做得更好（例如：如何達成低耗損且優質高效）？」我們必須花時間在我們的團隊以及目前的顧客上，或是自己一個人去執行計畫，進而到達既定目標。一般情況下，我們會很清楚地知道所投入的時間、精力以及資源能獲得什麼樣的回報。根據之前的經驗，我們會很有信心能達到目標。

而當我們從事領導工作時，要問自己：「我們應該做出什麼樣的改變？」且必須把時間都花在沒有即時利益（或是一直都不會有收益）的事情上。例如，我們可

能會跨越我們的職能範圍去展望一個不一樣的未來。因為改變的不確定性常常比盈利（或虧損）的不確定要大得多，所以選擇一個新方向需要極大的信心。當我們深處變化中時，我們不僅要瞭解領導者需要做的事，更重要的是要去瞭解他們是誰，他們所代表的是什麼，這樣才更有可能成為一位真正的領導者。換句話說，要像領導者一樣行事，我們需要把時間花在以下事項：

- 像橋梁一樣連接不同的人或組織
- 展望新未來
- 提升影響力
- 將想法與個人經歷結合

如何安排你的時間？

哈佛商學院的一個研究小組為了瞭解老闆們是如何利用時間，請九十四家義大利企業執行長的行政助理，記錄執行長們的一周活動。什麼事讓這些高階管理者們花上最多的時間？你猜對了：他們六〇%的時間都在開會。

幾年前，一項經典的研究將「被自己團隊評為高效的管理者」，與「成功升遷到更高職位的管理者」進行了比較。高效的管理者將大部分時間都花在與下屬一起工作上。成功升遷的管理者花更多的時間與其他部門的同事和組織高層們進行互動。

即使你沒有助理，在這個應用軟體氾濫的時代，追蹤記錄你花在工作和家庭上的時間並非難事。首先，只需要單純觀察你在例行的一周中做了什麼事。例如，你可以追蹤你單獨在辦公室、團隊內部及部門外部花費的時間。你可以利用以下幾種工具來記錄時間：

- Toggl及ATracker：這兩款應用程式可以追蹤你進行的任何活動，只需輕點手機即可啟用或停止記錄各項活動。追蹤報告能顯示你在日常任務和會議等正式活動上所花費的時間。
- TIME Planner：這個程式結合了行程安排和時間追蹤功能。例如，你可以

在下午一點安排一個行程，然後設定時間提醒，之後即可核對你是否確實執行了此行程。

- My Minutes：這個程式可以幫助你達成時間管理目標。例如，如果你決定這次簡報上最多花四十五分鐘，該應用程式會在目標時間快到之前，以及目標時間當下提醒你。

成為一座橋梁

來看一下傳統的方法是如何有效地帶領一支團隊：設定一個清晰的目標、為每一位成員指派一個清楚的任務、管理團隊內部動態以及規範、定期進行交流、關注團隊成員的心理情況並給予認可等。這些都是重要的事，但是這對於你是否能轉變成一名優秀的領導者來說，可能不會產生太大的影響。

二十多年來，這類話題有過很多相關研究，麻省理工學院教授黛博拉・安科娜（Deborah Ancona）和她的同事，不斷地進行研究來揭示這些傳統的領導方法並非

那麼有效[7]。研究發現，那些擁有卓越成就的領導者，並不會把時間花費在各種內部事務上。相反，他們會成為團隊內部與外界環境間溝通的橋梁，因此他們的時間大多花在外部活動上。他們在外走訪以確保團隊能得到正確的資訊和資源，然後選擇性地彙報給大家；當產生爭議時，確保其所帶領的團隊能獲得上級的認同。此外，成功的領導者會關注其他的團隊（如潛在的競爭者）都在做什麼，可以從他們那學到什麼東西，這樣就不用再自己白費力氣做重複的事。

英國石油公司（BP）前經理薇薇安・寇克斯（Vivienne Cox），在接管一個新成立的煤氣、能源及可再生能源團隊時，她還接了很多小的「有前景」的次要業務，包括太陽能、風能以及氫能。寇克斯剛剛接觸新能源，就從外部聚集了一支大的團隊進公司，來分析業務環境並集思廣益。透過這些討論，她發現公司需要立即改變只以石油作為基礎的商業模式[8]。

寇克斯是領導者應該作為橋梁的典型例子。她從團隊中挑選出一個副手，負責管理團隊內部進度，而她自己則一直扮演著出謀畫策，與外部建立聯繫並鼓舞團隊士氣的角色。她的時間都花在與公司外或公司內其他部門的重要人物建立聯繫，利

用這些關係來為這個新起步的團隊提供戰略性意見，以應對可能會遇到的威脅和機會。此外，她還向當時的首席執行長約翰・布朗恩（John Browne）及其他同事們彙報了「低碳能源」這個新概念。她的聯繫網路包括了一系列產業內的思想領袖（我們在第三章還會提到）。公司外部的人都是她的戰略顧問，與他們接觸能激盪出她更多新的想法，因為他們能從更廣闊的視角來看待問題。她還從別的地方請來諸如技術總監之類的重要人物，以確保團隊能從那些以不同眼光看待世界的人身上學到更多東西。

一旦腦子裡有了好的想法，寇克斯就會透過她的人際關係網路，向整個公司進行關於新能源產業的「原聲摘要」（Sound Bites：意即將資訊進行重點摘要）。她解釋說：「在公司內部收集回饋，在公司外部進行討論非常有用——這是事實與觀點的社會化，還可以為自己帶來聲望。這比簡單地做簡報重要多了。如果方法很有效，你就創造了一個資訊需求——他們會主動來向你尋求更多的資訊。」[9]

另一個好的例子是陽獅銳奇（Vivaki）媒體採購部門前首席執行長傑克・克魯茲（Jack Klues）。陽獅集團常與Google、Yahoo等單獨媒體營運商合作，來增加其銷售業績並提升數位廣告的效果。這項工作需要把不同的人才聚集在一起，來開發一個新的規模經濟。克魯茲描述自己的工作說：「我一直覺得我的工作是一個『連接者』，我需要嘗試各種新穎的方法來把利益與人才建立起聯繫……我是讓其他二十個媒體總監都說『是的，我們為他工作』的那個人。同時我知道他們都自認為自己的專業能力比我強多了；或許他們是對的，但我的工作是要把他們聚集在一起，管理整合他們。我不負責實際執行，因為我掌握一些他們所不知道的事，而正是這些事成了我的聖杯。」[10]

下頁表2-1概述了兩種相反的領導者類型。如果你扮演的是一個中心角色，你的團隊和客戶就會是你工作的重心；而如果你扮演的是一個橋梁角色，像寇克斯一樣，你的工作是把你的團隊與外界相關組織聯繫起來。兩種角色都很關鍵。傑克扮演的是哪種角色呢？顯然，他是中心的角色。但是如果人們責備領導者的效率時，猜猜哪一種角色會在榜首？是扮演「橋梁」角色的領導者。因為「中心」領導者幾乎每件事都可以做得比「橋梁」領導者要好。

不管你在什麼樣的組織中工作，如果一個領導者能從外部獲取想法，從外部獲

你是「中心」領導者還是「橋梁」領導者？

「中心」	「橋梁」
·為團隊設定目標 ·分派角色 ·分派任務 ·監測進程 ·管理團隊成員的表現，進行績效評估 ·開會協調工作 ·為團隊內部創造良好的工作氛圍	·將團隊目標與組織優先事務結合起來 ·向團隊傳送重要資訊和資源以確保進程 ·從外部獲取重要夥伴支持 ·增強團隊在外部的能見度以及提高團隊的聲譽 ·認可表現好的成員並讓他們參與下一次的重要任務

● 表2-1

取回饋，或與他們進行協作，時刻關注組織內部的變化，並從最高領導者那得到支援和資源，那麼他就有能力生產更有創意的產品或提供更新穎的服務，比起只管理團隊內部的領導者能更快地取得這些方面的成績。他們的成功祕訣一部分來自於他們建立「橋梁」時所獲得的外在表現力，他們需要這些能力以便在業務上提出新觀點，學會有組織性地從大局看問題，進一步設定發展方向。

做一些「有遠見的事」

當然，領導者可以成為一座「橋梁」，但也一定會犯一些錯誤。儘管如此，以更廣闊的視角重新定義你的工作後所獲得的外部觀點，是你是否有好的戰略意見的決定性因素。更重要的是，這些能力能幫助你把想法轉化成團隊和組織的未來美好憧憬。

對於許多人來說，有遠見不是一項必要的工作需求，包括美國前總統喬治・布希（George H. W. Bush）。每當被要求把目光從他競選時所提出的那些短期明確的目標，轉移到選民期望的未來上時，他最著名的回答是：「哦……你指的是那些憑空想像的事？」

儘管布希取笑「有遠見」的想法，儘管那些注重執行的管理者總是削弱遠見的重要性，但是展望未來以及把這種憧憬傳遞給其他人，正是區別領導者和非領導者的一項重要能力。研究領導力的專家詹姆士・庫塞基（James Kouzes）和貝瑞・波斯納（Barry Posner）進行的大量調查都證實了這一點[11]。大多數人都能輕易說出目前的工作中缺少什麼，有什麼不滿意的地方或是無意義的地方，但是卻沒有一個好的「有遠見」的想法，他們的工作也就因此而停滯不前。

那麼，怎麼樣才算是有遠見呢？幾乎所有人都認為：想像創造一個有吸引力的

未來景象，即未來的樣貌。更重要的是，作為一個成功者，你希望未來能成為什麼模樣[12]。但是能帶領組織進步發展的遠見並不是光有靈感那麼簡單，也不是摩西拿著一個記錄戒律的石板從西奈山上下來。當然，它也不是典型的單調乏味的遠見演講。以下「怎麼樣才算是有遠見？」，列舉了領導者要想擁有真正的戰略眼光，所需要具備的重要能力。

怎麼樣才算是有遠見？

在許多傳統的分析中，遠見被認為是領導力的一項決定性特徵。但是，在具體行動上，它是什麼模樣呢？以下是優秀領導者培養遠見的一些具體方式：

感知環境中的機會和威脅

- 簡化複雜狀況
- 將看似無關的元素連結在一起檢視

- 預見可能影響組織根本的事件

設定策略方向

- 激盪出新商機
- 定義新策略
- 從大局著眼進行決策

鼓勵他人嘗試創新的做法

- 提出挑戰現狀的問題
- 樂於接受新的做事方法
- 帶來外部觀點

讓我們來分析一下寇克斯的遠見是如何形成的。之前她負責石油和天然氣交易，公司已經為她計畫好了該做的事，並設定了清晰的績效指標。但現在新能源產

業已湧現，所以寇克斯的新角色需要決定關於新能源產業的所有細節，以及所需要做的事，看看是否能把這些零碎的東西組合在一起。在與外界資源建立了許多聯繫後（包括問她自己以及重要的股東：英國石油公司作為一個大的石油公司，是否需要進軍新能源產業），她和她的團隊開始為公司未來制訂一個低碳發展計畫。接下來寇克斯提出「我們的追求是什麼？」的問題，之後討論的關注點在於公司要在哪些方面與別人競爭，以及新能源團隊需要什麼樣的基礎。只有等他們開始實行計畫一段時間後，才能制定更為具體的目標，如提高交易量和市場占有率。

寇克斯的例子告訴我們，遠見的形成需要發展明確的目標。有遠見的策略包括用追求來引導一系列選擇，以及如何最大化地利用時間和資源，去達到你真正想要的目標。多倫多大學羅特曼管理學院（the University of Toronto's Rotman School of Management）前院長羅傑・馬丁（Roger Martin）再三解釋道，目標所需要的時間和資源都離公司年度計畫相距甚遠[13]。在公司年度計畫中，都有一個很清楚的流程，包括一系列重要任務的列表，並且規畫好時間期程與資源分配。遵照公司年度計畫，最好的情況是能獲得很多的收益增加。而展望未來是一個更加動態、有創造力、需要互相合作的過程，必須預想一個組織的轉變應該是什麼，且如何成功實現轉變。

許多管理者雖然在業績上獲得成功，卻是我所說的沒有遠見的人。在對參加領導者培訓專案的管理者進行三百六十度的評估調查中，與「團隊建設以及給員工獎勵和回饋」等能力相比，「展望公司未來」是領導者能力更重要的面向，但是大多數參與者都缺乏這種能力[14]。下頁圖2-3整理了四百二十七位高階管理者和三千六百二十六位觀察者的回饋，表明關於遠見這個問題，管理者如何看待自己與他們的上級、同事或前輩，是如何看待他們之間有怎樣的顯著差距。其中，管理者對遠見能力的自我認知，與前輩們對他們的認知之間的差距最大。

當被問到差距存在的原因，很多管理者都解釋，他們認為他們的工作就是完成上級下達的命令，而提出策略和願景都是上級和外部規畫長遠計畫的諮詢顧問的職責，然後他們會下達給組織其他的人去執行。

從歷史的觀點來說，策略和願景的確是上級領導者的職權範圍。但是如今科技

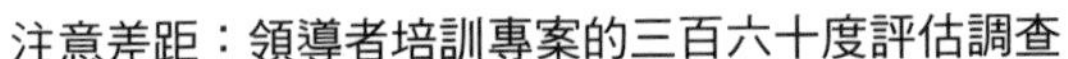
注意差距：領導者培訓專案的三百六十度評估調查

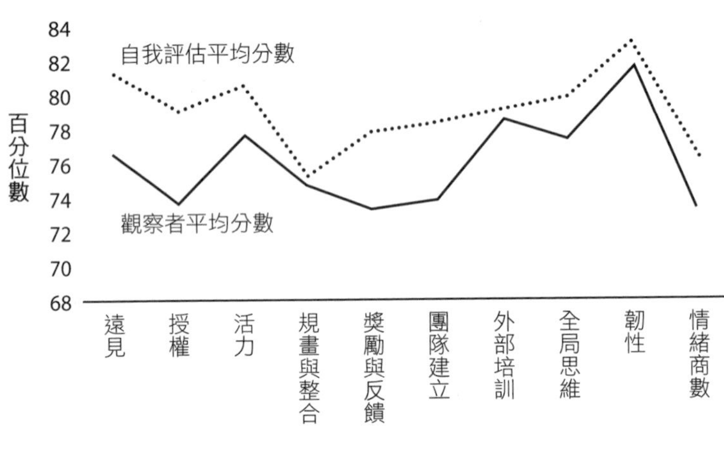

● 圖2-3

深深地改變了明確的勞動分工，很多在五年前都還屬於管理工作的主要任務，如效能監測、即時回饋，以及做報告和進行簡報，現在都已經不是了。高階主管們需要把重心從發展現行業務和增加績效指標上，轉移到用簡單易懂的方法展示當前公司所處的環境，以及未來的發展方向上。當那些接受上級命令的管理者不斷與顧客和供應商建立聯繫，這些顧客和供應商就會不斷地參與這個創新過程。如此一來，提出遠見和策略再也不僅僅是執行長們的職責，如何做出即時回答與合作，都取決於最高領導階層下面的策略提供者。但是，如果我們像雅各一樣只是把自己局限在辦公室裡，那麼我們永遠也沒有辦法提出真正有建設性的策略。

提升影響力

不管你的遠見策略有多好，你的想法多麼有吸引力，如果沒有人賞識或者只是因為人情關係而附和，也沒什麼用[15]。

肯特是某科技公司的部門經理，該公司正陷入如何適應新市場的困境，在這段艱難的時期，肯特發現了這個道理。關於公司如何為客戶提供更具綜合性的解決方案，並能讓公司更好地服務於一些未開發的市場，他提出了清晰且很有力的想法。他也下定決心，要排除萬難在全公司推行這個想法，來幫助公司走出困境，但是他失敗了。事後，他邀請了一個和他關係很好的顧問，來聽聽他進行一個定位於跨部門合作的PPT簡報，肯特播放了一組很長、很複雜的PPT。結果讓他非常驚訝，顧問不僅對他的簡報不感興趣，還反駁了他的想法。

「你看我在說一些重要的事，」肯特問他，「但是每個人都快睡著了，這到底是為什麼？」

顧問表示，他承認肯特說的事確實很重要，但是為什麼大家都不想聽呢？「因為大家都沒有辦法馬上同意你所說的，所以你需要把想說的東西和他們的認知建立起聯繫，而你沒有做到。」

多年後，肯特明白了他哪裡做得不對。「我對公司的未來有一個很好的願景，」他回憶說，「所以我希望公司其他人都能同意我的想法，卻沒有打算讓他們提供任何反饋——想法行得通就行，不行也沒關係。」

肯特意識到領導者想法的好壞，並非人們考慮是否願意與之共事的唯一因素。很多領導者會簡單地認為想法本身就是最終的賣點，但有經驗的領導者明白，過程才是更為重要的因素。如何展現他們的想法，以及在過程中如何與聽眾進行交流，決定了人們是否願意跟從他一起做事。

下面我用一個簡單的公式，歸納領導公司進行成功轉變過程中三個重要的因素：

想法＋過程＋你本人＝領導公司成功轉變

當我和學生在課堂上分析一個關於領導者效力的案例報告時，我發現了一個有趣的模式，由此歸納出了以上公式。我的學生們很少討論領導者實際上需要提倡的主張，更少討論他們的想法所獲得的成效。

過程非常重要並不代表結果就不重要，因為很多的改變都有一個長期的努力過程，取得成果是要花費一定時間的。當提議正在進行而聽眾還沒有進入狀況時，人們會更快地決定是否採納這個想法。在無意識或有意識的情況下，他們都會尋找線索來證明這個提議是否會成功，並且考慮該提議所帶來的成果對他們來說意味著什麼，這些因素會幫助他們做出是否接受這個提議的決定。

因此，很多人關心的是領導者提出並展示這個想法的過程，因為這能讓他們知道：這個領導者是包容型還是獨享型？是參與型還是命令型？他或她是否已經找到足夠的適合人選來參與此計畫？他們採用了什麼方法？該方法是否正確？下頁表2-2說明領導者在領導改變時的步驟和風格，是如何影響其他人進行選擇的。

領導改變時的步驟和風格

領導改變的主要步驟	影響改變進程的風格
·提出緊急事件日程 ·建立領導性合作 ·提出對未來的想法 ·與他人交流想法 ·授權其他人實施想法 ·確保短期內有盈利 ·在組織系統和進程中進行改變	·我的訊息從何而來？ ·我和其他人的交流情況怎麼樣？ ·我和哪些人進行了交流？ ·我和多少人進行了交流？ ·我如何能把我的想法推銷出去？ ·我所扮演的角色是什麼？ ·我們應該以多快的速度實施改變？

● 表2-2

領導者在這些風格或步驟上的表現，會讓人們對領導者的懷疑程度產生影響，還會增加（或減少）人們對領導者的信心。換句話說，是人們創造了一個自我滿足的願景：如果他們對領導者有信心，就會與之合作進而增加成功的可能性。沒有經驗的領導者不僅會過度地關注他們想法的好壞，還常常從想法直接跳到另一個新的結論去支持它，沒有經過一些必要的步驟來說明他們的想法是什麼，以及它最令人滿意的結果可能會是什麼樣。

下頁「兩種不同類型領導者的故事」，說明了領導者是否具有影響力，會帶來完全不一樣的結果。

兩種不同類型領導者的故事

領導者轉變中，最困難的事之一，可能就是從具有明確時間限制和財務結果的線性工作轉向支援性角色，即工作是影響那些負有責任底線的人。如果這類支援工作涉及許多其他跨部門的管理者，而這件事又並非他們優先考慮的，例如多樣性，那就更加困難了。這是新任多樣性負責人所面臨的情況——負責建立一個系統來幫助組織變得更具多元性和包容性——如果他們是這個領域的新手，情況往往會更糟。這也是為什麼許多公司實施多樣性政策卻看不到成果的原因。

最近，我觀察了兩位多樣性發展的負責人。兩人都任職金融服務公司，皆從原本的業務轉換到這個新角色，過去也都沒有這方面的經驗。第一位，瑞士再保險公司全球多樣性和包容性負責人妮亞・喬伊森羅曼齊納，一開始試圖瞭解公司對多樣性的看法，以及如何以不同的方式思考。她與執行委員會成員和集團董事會成員們進行交流。「很明顯，我們分成了兩個陣營，」她在一次採訪中告訴我。「一些人希望讓更多的女性擔任

領導職務，另一個陣營則說：『如果所有事都跟女性有關，那我們不玩了。』」我很快意識到，這是一個非常兩極化的議題。

但她在談話中也透露，對思想和觀點多樣性的共識，是能讓每個人凝聚在一起的要素。她解釋說：「這讓我瞭解性別多樣性在某種程度上是兩極化的，但思想和觀點多樣性的理念則是大家都能接受的。它自然而然地演變成關於包容的討論。」

在她進行內部討論時，妮亞還明確找到了可以為她提供關鍵資訊的主要外部會議、工作小組和思想領袖。她總結道，雖然瑞士再保險已經是一家多元化的公司，但無意識的偏見正妨礙著員工或團隊中的其他人向上進階。

儘管業務進展順利，這位有心改革的的瑞士再保險公司新任執行長，還是決定開設了最高階的管理職位，並鼓勵大家申請。因為他認為公司可以從注入新的、更多樣化的人才中獲益。成功意味著更要以客戶為中心，而觀點、性別、文化、教育、技術等面向的多樣性，是實現這個目標的關鍵因素。

在申請截止前不久，執行長注意到候選人名單缺乏多樣性——幾乎沒有女性來申請這些職位。他搔著頭詢問妮亞，妮亞告訴他要跳出現有人際網路的格局。「即使女性是合格的，也不太可能覺得自己合格。」她解釋。你需要走出辦公室，非常具體地告訴女性和男性，「他們應該申請。雖然不能保證會得到這份工作，但他們至少應該申請。」

他採納這個意見，並為了達成目的延長了這些職位的申請期限。一個多元化的招募團隊被引進，成員都通過了關於無意識偏見的培訓。此外，妮亞被邀請進入決策小組，挑戰任何無意識下的偏見，並確保人人都有平等競爭的機會。執行長最終擁有一個跨職能和跨世代平衡的執行團隊，女性比例超過四〇%，高於培訓前的一七%。每個職缺都由最好的人贏得，大家也都達成了共識。

這個非常明顯的勝利，由妮亞解決多樣性不足，以及加強員工包容性的遠見和戰略所構成。雖然許多公司都從設定數字目標開始，但她認為，從關注數字開始反而會引起阻力，更分散了人們對必須發生的根本和長期變化的注意力。「本質上是要改變思維設定，」她說，「數字之後就會跟上。」

第二位多樣性負責人採取了截然不同的策略，她想要先把工作的願景弄對。對她來說，這意味著要盤點目前公司在廣泛利基領域已經建立的內容，以及瞭解如何將多樣性套用到組織現況的研究內容。當然，她發現許多方法和公司正在做的事情非常缺乏一致性。

因此，她的首要任務是創建一個模型，將不同部分整合到一個整體框架中。她召集了一個專案小組來執行這點，其成果是一個含有五階段模式的模型，包括從業務案例到一套基楚原則的完整多元化格局，以及所有需要加入這些模型的人資招募流程。一旦有了一流的模型，她開始向不同的利益關係者展示介紹。雖然他們中的許多人稱讚她的努力，但他們不太清楚這件事的目標是什麼？或者他們該做什麼？

將想法與個人經歷結合起來

當然，書中提到的領導者們做的事，與實際親自觀察他們怎麼做之間，是有很大的不同。當我們在課堂上觀看領導者的活動測拍影片時，我們的討論會產生劇烈的變化，討論變得越來越個人化，更多地發自內心深處同時有更多的情感迸發。參與者們常常不知道如何客觀地解釋他們的反應。辨別力取決於他們與領導者之間的關係：「我喜歡他嗎？他比較親切還是冷淡？他看起來真實誠懇嗎？他會聽取聽眾的意見並融入他們嗎？我想和他一起共事嗎？他會和我說話嗎？」當然，當他們意識到別人看到他們時的反應也是同樣地發自肺腑，他們就會有些驚訝。

成為一名優秀的領導者，很大一部分是需要認識到我提出的公式中的三個重要因素（想法＋過程＋你本人）。「你本人」這個部分往往比「想法」還要重要，它是人們對你進行評估的「篩檢程式」。你的下屬、同事和老闆將會判斷你的想法是否公平，你心中是否關心組織的最大利益（而不僅僅是為了你自己未來的事業而工作），同時你是否真的能說到做到。

這個非常重要的「你本人」因素到底是什麼呢？很多人都以為這指的就是你的管理風格。但管理風格僅僅是一個面向，在某些相同的情況下，很多管理風格都是有效的。相反，人們評判的標準是你的熱情、你的信念以及做事的一致性，這三點換個詞說，也就是你的「領袖氣質」（Charisma）——一個用來描述未來領導者有神祕魅力，卻難以定義的詞。

很多年前，管理學教授傑・康格（Jay Conger）開始揭開「領袖氣質」的神祕面紗：他先讓人們說出他們認為有魅力的領導者的名字，然後對這些領導者的行為進行觀察分析[16]。人們所列舉的領導者有著完全不同的外貌、性格和領導風格。一些領導者是專制獨裁者，而另一些更願意與他人合作；一些很迷人，有風度，而另一些，就像史蒂夫・賈伯斯一樣，並非那麼迷人。最後的研究結果發現，相較於其他特性，很少有人能完整表達出「領袖氣質」這一特性[17]。

康格和其他研究者發現，當人們在某個「正確的時間」提出一些能引人注意的想法時，就會被認為有「領袖氣質」。因為有魅力的領導者傾向於在組織內部和外部都建立起橋梁，他們擅長發現市場的發展趨勢、危機和機會，因此他們能提出一些有吸引力的想法。但是正如我們以上所見，想法僅僅是公式中的一部分，而且常常是最不重要的一部分。研究發現，有魅力的領導者還有另外一些特質，這些特質與領導者們是如何吸引以及為什麼吸引追隨者有關，並與領導者們如何認識自己有關。更確切地說，有魅力的領導者都有以下三個共同點：

- 人生閱歷豐富，因此產生了堅定的信念
- 能透過講述個人故事來與他人進行良好的交流
- 他們的想法、實際所做的事與他們自己之間有很強的一致性

以柴契爾夫人為例，現今人們對她仍然存有很大的爭議，當然很多人可能都不喜歡她[18]。但是她堅持自己所信仰的簡單清晰的信念，改變了英國的歷史，而這些信念完全來自於她的個人經歷和故事。

柴契爾是政治界的一位傳奇女性，很少有人能夠像她一樣準確地整理出所需資料。她所有的知識和分析能力，都不足以解釋她是如何從人群中脫穎而出成為一個政府的領導者，然後以首相身分領導她的國家進行翻天覆地的改革。

她和周圍其他有天賦的政治家的不同在於，她知道如何利用個人經歷來把龐大的政治資訊具體化，並親自展現出來。她是如何鼓勵人們行動起來的呢？如何傳達真正重要的資訊？她為人們講述自己的故事，關於她是如何學會節儉，學會理財，

關於她是如何被教導不要盲從趨勢，堅持自己。她，只是一個雜貨店老闆的女兒，就這樣贏得了一大批信仰她的追隨者。

你是否知道她成長在一個沒有自來水的家庭？她的父親生活簡樸，除了最基本的生活必需品外，其他什麼也沒有。這樣的成長環境以及其他的一些經歷，塑造了柴契爾的信念。她以自身為比喻來說明英國缺少的是什麼：民族獨立感，以及從艱苦工作和遲來的幸福中獲得救贖。她讓自己的生活變得有意義，她把自身經歷與英國的情況結合起來，這就是她把她的政治理念灌輸給人民的意義所在。

賽門・西奈克（Simon Sinek）在TED進行關於領導者的演講，是點擊率最高的演講之一。在他的演講中，他把領導者的這種行為稱為「黃金圈」（Working the Golden Circle）。他解釋，我們很多人都透過討論需要做什麼以及應該如何去做來勸說別人。勸說的祕訣是展示出你最有力的論據，依據我們自己的邏輯和優勢，把我們的想法強加給別人，但這樣的做法並非十分有用，因為我們最終會跟隨那些能鼓舞我們的人，而不僅僅是有能力的人。相反，成功的領導者們會以解釋「為什麼」——闡述他們內心深處的信念和目的，來對人們進行鼓舞。這樣一來，他們更

能打動人。所以，「為什麼」是「黃金圈」的核心。

把你的工作當成一個平台

你應該如何與外部建立聯繫，展望未來，增加影響力，同時結合自身經歷說服別人進一步實現改變呢？你該如何開始學習成為一名優秀的領導者呢？第一件事就是，你需要把你的工作當成一個平台來學習，並執行一些新的事物。

對於那些想要進步的領導者來說，學習過程並不是簡單的技能訓練養成（像是提升你的談判或傾聽技巧），而是一個複雜的過程，涉及改變你之前所認為的重要的事和值得你去做的事。因此，最佳的起點是擴展你工作的範圍，提升工作範圍外的表現力。這對於你將做什麼，會產生一些新的想法。

不管你目前的情況如何，以下五件事都可以開始讓你的工作變成一個能增強領導力的平台：

- 增強對形勢的定位感
- 接觸專業領域之外的專案
- 參與外部活動
- 結合個人經歷談談「為什麼」
- 解放你的日常排程

增強對形勢的定位感

一個領導者需要瞭解其所在產業的大環境：新技術會如何影響該產業？不斷變化的文化與社會期許，會如何改變產業在社會中所扮演的角色？勞動市場的全球化會如何影響公司的招聘和擴張計畫？雖然一個好的管理者可以拿到完美的業績成績，但是領導者卻能在以上問題中提升他們的外在表現力。要瞭解所處產業的大環境，就需要領導者對形勢擁有良好的定位感，他要能在一片廣闊的資訊海洋中感知到最重要的事。

我們回過頭來看一下本章之前講過的蘇菲的故事，她遇到了一些麻煩，因為她只能感知到一些最基本的事，所以對於公司或者市場將要發生的事情沒有任何察覺。她對那些政治鬥爭也毫不知情，也不知道關於製造商和供應商即將整合的討論，而且沒有加入公司內的任何一個小團體。

你的職位越高或是責任越大，你的工作就越需要你具備一份形勢感知力。下面我們看一下現任氣象頻道CEO大衛・肯尼（David Kenny）的觀點：

一個領導者需要瞭解這個世界。與過去相比，你必須接觸更多的外部組織、更具世界觀的事物，以及更廣闊的全球視野，來定位你公司所處的位置、目的及價值……我曾經和從事媒體工作的人討論他們眼中的數位化、Facebook等，還討論了我們如何才能創建一個新的定價模式。我曾經和新媒體的技術公司進行過交流討論，和客戶討論時，我的關注重點在於：二十國集團（G20）對於他們來說意味著什麼？債務危機會如何改變下一代？我還和政府進行討論，之後又回到客戶身上，告訴客戶我所得到的資訊，來幫助他們瞭解他們的發展網路也可以朝著那個方向前進[19]。

那麼，一位初級領導者該如何加強自己的感知能力呢？薩利姆曾是一個跨國日用品消費公司的大型部門經理助手，而現在是一個新興產業下某小公司的總經理，他的成功轉變要歸功於他對形勢的定位能力：

你需要對你的產業有一個非常廣泛的認識。否則當供應鏈的人打電話給你，跟你用「供應鏈行話」進行討論，或是財務人員希望你能理解他的語言，你將會完全不知所措。這需要一種綜合的能力，因為會有一大批員工從各個方面來打擊你。如果你沒有很快提取或理解重要資訊的能力，那麼當你的老闆突然提出一個意想不到的問題時，你就會完全傻在那。

當我問薩利姆是怎樣得到這份工作時，他說「加強發現趨勢的敏感度」讓他獲得了優勢：

你不能總是等著做出回應，所以我經常會去向我的老闆說：「你知道A、B、C嗎？」他便會問：「你怎麼知道的？」我說：「我正在看關於這些的報告，然後思考了一下上次我們的討論，這是我在那些討論中發現的。」處理資訊確實是一項能力，你必須有一個非常有序的資訊處理系統。因此，當我的老闆把我叫去向我說他需要這個或者那個的資料時，我就能馬上運用我的知識與能力。

毋庸置疑，薩利姆在當助手期間學到了很多東西，在那個位置上他看到了各個點之間是怎樣聯繫起來的[20]。而對於過去經歷只限於一個職位或一個業務單位的我們，下一步首先要做的任務就是找到能擴展視野，並增強聯繫各點能力的專案。另一種方法將在第三章提到，那就是要開始把我們的重心放在擴展人際關係網路上。

接觸專業領域之外的專案

在關於「哪些工作能幫助你變成一名優秀的領導者」的調查中，位居前列的一項是「接觸你日常職責範圍外的專案」。所有的公司都有一些跨業務、跨職級、跨職能的特別專案。例如，一場在高級領導者面前展示的全球產品發布會，同時也是一個為更多的人帶來新機會的跨職能專案。你的工作是找到這些專案，瞭解都有哪些人參與了該專案，以及如何參與。

例如，弗朗索瓦是某跨國製藥公司的銷售業務。儘管他覺得他的工作很有趣，但和他之前在另一個公司的工作並沒有太大差異，因此他希望自己能坐上銷售和市場管理業務主管的位置。但是由於公司沒有這樣的職位空缺，弗朗索瓦另外找了三個小案子去做，這樣一來不僅提升了自己的領導力，還讓他在老闆面前留下了好印象。他所做的第一件事，是為他所在的法國與比利時的同事們組織了一個商務會議，透過這次會議，他獲得了地區副總裁的關注。接下來，他為法國的銷售聯盟團隊創立並領導了一支具有競爭力的智囊團，這增加了他在整個歐洲地區的聲望。這兩個專案都提升了他的形象。隨後，歐洲地區醫藥總監任命他擔任一個跨職能團隊的重要意見領導者。而他所在的國家——法國成為一個試點，由他來領導營運該專案。

很多人在做自己分外的工作時都會有所猶豫。畢竟，我們都掙扎著想要為我們的私人生活贏取一些時間，而這些專案工作常常會成為我們日常任務的首要解決對象。但是涉及成為一名優秀的領導者時，與繼續發展職能內的技能相比，從一些跨職能業務中獲取經驗會是一個更好的選擇。我的一位學生給了其他同學們一個很好的建議：「我們所有人都可以一邊學習，一邊工作。所以當學習結束後，不要讓我們的日常工作再占據學習的時間，把時間空出來，用這些時間來擴展你的工作範圍。」

那些你從各種額外任務中獲得的新技能，諸如有遠見的思考、與組織外的人建立聯繫，都值得你花時間去進一步提升。我的一位學生參加公司內一個「尋找最佳領導力實踐方法」的專案，該專案有個目標是為了提升員工的向心力，進而減少重要員工的流動。這段跨職能的工作經歷，不僅讓他瞭解到如何能做到非職權的影響，以及讓他明白之前的工作習慣會阻礙他的發展，還幫助他發現自己對諮詢方面的興趣，因此兩年後他轉到了諮詢部門工作。

的確，在這樣一個「縱向升遷」被可以橫向移動的「方格攀爬架式職涯」（Jungle-gym Careers）形式取代的世界裡，人們要參與一些「熱門專案」才會取得進步和發展[21]。這些專案能讓你涉及不同的業務，解決一些新問題，理想的情況下，還可以接觸到很多與你有著不同世界觀的人。

參與外部活動

當一個內部專案不可行（或其實可能可行）時，你在組織外所扮演的角色，對於學習新方法並進行實踐來說是非常重要的，它能提升你受關注的程度。更重要的是，能改變你對自己有限的認識並提升你的職涯前景。下面讓我們來看一個例子。

羅伯特是一名高級政策專家，他非常希望自己能領導公司某些負責盈利和虧損的業務。但是他不確定自己是否已經做好準備，因為他注意到自己還缺少跨職能經驗以及缺乏足夠的財務知識。雖然他的老闆史蒂夫答應為他安排一個更大的任務，但史蒂夫心裡也懷疑羅伯特是否能勝任。羅伯特當他的下屬已經好幾年了，像很多其他上司一樣，史蒂夫仍然把羅伯特看成一個「剛入門的新手」，這也是出於好意。

為了證明自己的能力，羅伯特僅透過更努力地工作來取信。公司準備發布一個重要的新產品時，他所在部門的工作會變得很忙。他第二個孩子的出生已經讓他參與外部活動的計畫中斷，這次新產品的發布更是讓他沒有時間參與之前那些能讓他瞭解產業現狀的會議。但是由於他對發展前景越來越迷茫，最終他改變了行動計畫。他決定繼續參加那些外部活動，進一步為升職創造更多機會。

一開始，羅伯特不知道該從何做起，因為在之前參加的外部活動中，他也只是一個下屬而已。但之後，他偶然間發現一家專注於創新的工業集團也正在尋找一款利基產品（Niche Product）。利用他對自家公司的認識，羅伯特自告奮勇地組織了一場座談會。建議他發起這場座談會的人是一位叫湯瑪斯的企業家，湯瑪斯正在快速發展一項新產品線的專利，但是缺乏大公司的經驗。正好羅伯特有這樣的經驗，這讓他們建立了深厚的友誼，久而久之，湯瑪斯越來越依賴羅伯特為他解決組織的難題。

隨著他們關係的發展，羅伯特發現自己的知識和經驗都有了很大的提升，超過了日常職能的範圍。這個新的發現間接地對羅伯特的做事方法產生了很大的影響。他越來越好奇其他部門的人都在做些什麼，開始問一些不同的問題，對自己提出的建議也越來越有自信。他學會了重新分配自己的時間，騰出更多時間來擴展自己的外部發展範圍。身邊的人都看到了他的轉變，一段時間後，他的老闆和同事也開始關注羅伯特的想法。

再多的自省也沒有辦法為羅伯特帶來他現在所獲得的能力，這一切要感謝他和湯瑪斯建立起的關係。最終，他在湯瑪斯眼中的形象幫助他建立起自信，而正是有了這樣的自信，他變得更有衝勁，更有說服力。

下面我們再舉另一個例子，說明參加外部活動如何能幫助你成長：大衛之前是專案融資和融資槓桿方面的專家，後來成功成為歐洲商業銀行的區域經理。他的管理方法非常符合未來發展的趨勢，但是歐洲衰退的經濟環境限制了他發展的可能性。由於害怕出現職涯高原期（Career Plateau，是指職業生涯發展中，能夠獲得進一步晉升機會的可能性非常小的時期），他做了以下兩件事：第一件事是，他自願參加位於法蘭克福總公司的一項大案子。該專案需要他每周騰出一兩天的時間和一群之前不認識的高級管理者們建立聯繫（這讓他不得不把更多的日常工作分派給下屬）；第二件事是，他參加了青年總裁組織（Youth Presidents Organization），在這裡建立了更多人脈，幫助他用更有創造性的方法去思考下一步可能要走的路。與羅伯特一樣，大衛過去不知道該怎樣從另一個不同的方向改寫他的履歷，因為公司中多數人都只是遵循一條更為傳統的道路。但是在青年總裁組織中就不是如此，在那裡他學到如何計畫並賣出自己的想法，並且還有了更多的選擇權。

如果你覺得自己已經停滯不前或是缺乏新鮮感，不妨參加產業會議或者其他聚集各行各業的專業聚會來增長你的見識。從你獲得最新的好處中提升自己，而不僅僅是從過去的經驗中取得進步。例如，我的一位學生每天都會找機會在會議上發言。最近，他在公司的會議上談論了在奈及利亞的生活，他在那裡工作多年。一開始，他先放了一段在拉哥斯（奈及利亞第一大城）的日常生活影片，然後與一些要出國發展的候選人進行了問答討論。這些活動比他原本想的更有意義，「我發現樹立你的個人形象能增加你參與戰略性討論的機會，還能讓你暫時放下手頭繁瑣的日常工作。」

學會看一些你瞭解的或是你想要瞭解的教學影片、演講影音或是部落格，如果沒有你所需要的，那就自己創造。例如，某電子商務公司的部門經理在一個月的時間裡，透過與不同組織的行銷專家進行早餐會議，建立了自己的行銷專家團隊。這些外部活動能幫助你看見更多的可能性，增加那些可能在下一個角色或專案裡能幫助到你的人對你的關注度。正如羅伯特所發現的，在這個過程中，它能促使你擺脫

需要耗費大量時間的日常工作，你並沒有必要在這些事情上花費太多精力。

下面的「雪柔・桑德伯格（Sheryl Sandberg）參與的外部活動」，是證明參加外部活動受益良多的另一個好例子。

雪柔・桑德伯格（Sheryl Sandberg）參與的外部活動

如眾人所知，雪柔・桑德伯格是Facebook曝光度極高的營運長。但是，真正讓她如此倍受喜愛的原因來自一次TED演講，與她的日常工作無關。

桑德伯格是大環境的敏銳觀察者。由於注意到女性在矽谷中是稀有動物的現象，她發現了幾個可能阻礙女性事業發展的問題。她開始非正式地在小型聚會上分享她的觀察結果。當她的想法引起共鳴時，她被鼓勵公開發聲。當在TED演講的機會出現時，她把握住了。

TED的演講風靡一時，同時也吸引了其他邀約，先是巴納德學院的畢業典禮，然後是哈佛商學院。光是這三次演講的觀看數就超過一百萬次，除了賈伯斯之外，很少有企業CEO能有這種影響力。她的暢銷書《挺身而進》（*Lean In*）隨後出版，接下來的事你們都知道了。以前沒有其他人對女性工作參與度的問題，產生過任何興趣和討論。這與外部活動和桑德伯格在Facebook的工作有什麼關係？這本書的內容不僅幫助她招募了更多女性進入Facebook，還讓她在Facebook的董事會中站穩了腳跟，並成功擴展了人際關係網路。

結合個人經歷談談「為什麼」

TED討論和演講的巨大成功，推動了大量暢銷書和培訓課程的發展，這些暢銷書和培訓課程教人們如何像在TED舞台上的那些人一樣演講[22]。人們都很想看這方面的暢銷書或是參加培訓課程，因為現今無論我們從事什麼樣的工作，溝通都是一項非常重要的技能。在成為一名優秀的領導者過程中，我們同樣需要把想法展示在更多人面前，這些人不一定和我們有著同樣的想法，或不在同一個專業領域內。所以，如果要讓越來越多的人聽懂我們的想法，通常就需要學會講一個好故事。

TED演講有一個任何人都可以遵循的小祕訣：以演講者的個人故事開場，這個故事會說明並帶出演講者想要表達的觀點。只要聽眾們被故事所吸引，演講者想要表達的觀點——技術或是科學的部分——就更容易被聽眾所接受和記住。演講者常常在最後揭示出故事的寓意，提醒聽眾他想表達的東西不管有多晦澀難懂，都可以透過個人親身經歷將其具體化。

例如，作家伊莉莎白・吉兒伯特（Elizabeth Gilbert）的演講主題是「創造性天才的本質」，開場她講述了當她的《享受吧！一個人的旅行》（*Eat, Pray, Love*）一書出乎意料地獲得成功後，她所陷入的困境。所有人都告訴她，包括她自己也相信，在三十歲的時候登上了成功的高峰，接下來便會開始一路下坡了。那麼，之後的幾十年該如何激勵自己繼續寫作呢？她透過研究創造力的過程來尋求問題的答案。也由此發現幾個世紀以來，有關創造力的觀點不斷地變化，從將天才視為後天所學的陳舊觀點，轉變為如今認為天才是先天所帶有的特質的新觀點。該研究幫助她瞭解到，我們不能直接創造一些非常有創造性的工作，因為我們常常無法控制自己的靈感。我們所能做的就是做好需要做好的部分，每天都遵照一定的系統去做事，如此一來，在某些對的時候，靈感就會來臨。

心理學家傑羅姆・布魯納（Jerome Bruner）指出，如果一則訊息重複二十遍，就很有可能被準確記住；如果用一個結構合理的故事展示你想表達的東西，那麼它們會比事實和數字留在腦子裡的時間更久。如果吉兒伯特只是說出她的研究並舉出一些「創造性天才的本質」的例子，那麼我不知道我能記住多少她所說的內容。但是我記住了她的故事，當文學界將她推向高峰後，她依舊每天努力寫作。當我們希望別人相信我們所相信的，一個好的故事就會變得特別重要，因為這樣對方才會按照我們所希望的那樣去做。從很久以前開始，像吉兒伯特這樣與「挑戰」有關的好故事，可以測試並塑造領導者的性格，或是揭示領導者的目的[23]。

「一個好故事所需具備的要素」告訴我們演講者要帶領觀眾融入演講時，他所講述的故事所需要具備的一些基本元素。

你的信仰是什麼？你是如何產生這樣的信仰的？答案都在你的故事裡：你的成

長過程，那些塑造你性格的經歷，需要從容應對的挑戰時刻，以及帶來重要教訓的失敗經歷[24]。當我們希望別人瞭解自己時，會與其分享我們的童年、家庭、教育經歷、初戀、政治立場的發展等。為什麼我們會購買名人的傳記或是自傳？因為我們想要更深入瞭解他們的成長經歷、他們的豐功偉業、他們的創傷，以及他們的小缺點，而非那些關於他們如何增加利潤的五點計畫。然而，對於大多數人來說，我們已錯失良機，沒有機會在工作中講述自己的故事。

或許你已經知道你最好的故事是什麼，那麼現在需要學習的是尋找對的時機和對的方法將它們展示出來。一種方法是，關注那些善於講故事的人，觀察他們如何進行演講。此外，多多練習就能夠對你產生很多幫助。以上方法的最大好處之一，是它們能為你提供現成的、活生生的聽眾來聽你講故事。

在任何情況下，你都有可能被問：「你能跟我們說說關於你自己的故事嗎？」，或是「你做了什麼？」，又或是「我們要去哪裡？」[25]以你自己的故事作為開場白，在每一次演講中都主動提到。或者如果你覺得這個步驟非常重要，那就加入一個像宴會主持人一樣的組織，或是參加演講訓練班，在那會有一群陌生的觀眾來聽你演講。當你演講能力提升以後，抓住公司裡的機會，如告別晚宴或年會來進行展示。我的一位學生偶然參加了一個演講班，又碰巧有機會讓他在公司裡進行一次大演講。他沒有展示PPT，而是講了自己的三個故事。他告訴我他的演講從來沒有獲得過這麼多的讚賞。

一遍又一遍地講述你的故事，一遍又一遍地修改你的史詩體小說，修改到滿意為止。改到最能打動人，最真實的那一版為止。

一個好故事所需具備的要素

所有偉大的故事，從《安提戈涅》（*Antigone*）、《北非諜影》到《星際大戰》，都有著包括「開頭（Beginning）、過程（Middle）和結尾（End）」的三段式敘事架構，以及其他以下基本特徵：

主角：聽眾需要有位主角來關心。故事必須是關於一個人或團體的鬥爭，然後讓我們有參與其中的共鳴感。

催化劑：故事開頭，催化劑是迫使主角採取行動的原因。不知何故，世界已經改變，導致一些重要的事物處於危機之中。一切都有賴於主角進行修正。

考驗和磨難：在故事的中段，重重阻礙產生挫折、衝突和戲劇性，並常常導致主角以一種基本的方式改變。如《奧德賽》中，種種考驗展露、測試和塑造出主角的性格。故事至此，會將重點放在遠離主角家鄉的荒野中。

轉捩點和決心：在故事的結尾，出現了一個無法回到過去的要點，主角再也不能像從前那樣看待事物或行事了。主角要不是成功進化，要不就是慘敗。

解放你的日常排程

很多年前，一位不為人所知的管理學者約翰・科特（John Kotter）拿著一台手持相機，貼身拍攝了一群總經理的生活，看看他們每天實際上都在做些什麼（和大家以為他們每天在做的恰恰相反）。最令他驚訝的是，最成功的管理者看起來反而是最沒有效率的那個[26]。

他們大多數時候的工作地點並不是在計畫好的會議上，甚至不在自己的辦公室或會議室。很多時候，他們的工作看起來並不像真正意義上的工作。他們會到處走動，不時地出現在各個辦公室裡，與重要客戶在機場休息室進行長時間的討論等。這些「碰巧」的會議通常都非常短，隨機性很強。但是每個管理者都能從這些簡短的會議中獲取所需資訊，討論重要的事務，或是加強與合作夥伴的聯繫（通常都是男性）。比起進行報告或者正式的展示，這些看起來毫無系統性可言的事，正是那些成功管理者的日常。

此外，科特還記錄了一個管理者的行事曆。正如你所預料的，效率高的管理者的行事曆和效率低的管理者有著明顯的差別，但是跟你所想的又不完全一樣。最有效率的管理者們的行事曆上有著大量的閒置時間，很多未安排行程的時間。而效率較低的管理者的行事曆上擠滿了各種會議、出差、電話會議或是正式報告。

因此，要成為一名優秀的領導者，我們需要一種非常稀缺的資源——時間，來進行改變。如果你和我所教的大多數學生一樣，那麼就意味著日常工作和即時需求占據了你的時間，讓你沒有空檔進行非正式的領導工作。當你把自己的時間日程都安排滿了，你很難空出時間來想一想，自己是否把精力都放在了正確的事情上。正因為時間有限，而要做的事又很多，所以我們沒有辦法從行事曆上空出時間。

美國哈佛大學經濟學家森迪爾・穆蘭納珊（Sendhil Mullainathan）和普林斯頓大學心理學教授埃爾達・夏菲爾（Eldar Shafir）合著的《匱乏經濟學》（*Scarcity*）一書中，在缺錢和缺時間之間做了一個很有意思的對比[27]。他們指出，兩者都能將你限制在一條「隧道」（Tunneling）中，人們只能看到「隧道」中的事物。雖然這能為我們帶來短期利益，但從長遠來看，反而會形成限制。

穆蘭納珊和夏菲爾舉了某家醫院的故事來證明這個觀點，該醫院的手術室常常被提前預約滿了。由於手術室都滿了，所以當有急診時（常常出現這樣的情況），醫院只能將預定的手術計畫延後。「因此，醫務人員常常到了深夜兩點都還在進行手術，而醫師們往往要等上好幾個小時才能做大約只有兩個小時的手術，其他工作人員也常常不定時地加班。」因為醫院的手術經常延遲，所以經常得不停地重新安排工作，進而造成了低效又高壓的工作形式。

像大多數遇到問題的公司一樣，醫院從外部聘請了一名顧問，他提出一個令人驚訝的解決方法：空出一個手術室來負責急診病患。與我們大多數人會有的反應一樣，醫院的管理者說：「我們都已經非常忙了，他還要我們空出一個手術室，這太過分了。」

就像對於很多過於投入的人來說，他們無法想像暫停一直花費大量時間在做的事然後重新組織規畫，更不要說放棄有用或是沒用的珍貴資源。醫院管理者也產生了同樣的懷疑，但是空出一個手術室的方法奏效了。有了一間空手術室後，醫務人員能更有效地處理一些緊急病例，不用重新計畫所有的一切。因此，加班的時間也減少了，手術的效率也提高了。

所以這個道理是說給一些把計畫安排得過滿的管理者聽的。我們需要明白，越是在最忙的時候，越需要空出時間來應對一些意想不到的事。如此一來，才能像科

特調查的高效管理者們所說的：我們都用空出的時間提升自己的領導能力。

先加「新角色」再減「舊工作」

分配時間時，可能會遇到兩個非常不一樣的問題。一，花時間去做你認為真的重要的事，而不是那些非常緊急的事；這個問題雖然有些難，但還算比較好解決的，可以依賴某些可靠的技術[28]。第二個問題則更難，那就是如何改變你對所謂重要的事的看法。

處理第二個問題的唯一辦法，就是多參加之前沒有參加過的活動，讓你學會從不同角度去思考，思考你應該做什麼以及為什麼要去做的問題。跨職能角色能幫助你更容易適應外部的環境，讓你熟悉專業領域外的項目以及公司外的各種活動。這些投資也許不會立即顯示成效，但你只需要先加強這一部分的投資，暫時不用減少太多對過去常做事情的投資。

下一頁的「開始行動：改變你的工作吧」，教大家如何減少那些效率低下的日常工作。只有當新角色開始發揮效果時，你才會有動力放下過去那些阻礙進步的日常工作。

開始行動：改變你的工作吧

- ❑ 接下來的三天，開始觀察那些你認為很優秀的戰略思想家，或是有遠見的領導者。學習他們是如何與別人交流，如何思考的。
- ❑ 之後的三周中，參加一個你專業領域之外的案子（公司內部或外部都可以）。
- ❑ 再接下來的三個月裡，看一些TED演講。多關注演講者們如何講述自己的故事，如何從自己的故事引導出自己想要表達的觀點。然後尋找你專業領域範圍內擅長演講的領導者，聽他們是如何進行演講的。同時，參加一個演講訓練課程。

精華摘要

‧過去的成功會造成一個能力陷阱。當以下三件事發生時，我們就會跌入能力陷阱：

－你喜歡你的工作，因此就會做很多這樣的工作，然後越來越擅長這份工作。

－當你把時間分配在你所擅長的事上，你就會花較少的時間去做其他重要的事。

－久而久之，你就需要付出更多的代價去學習新的東西。

‧如果你跌入了能力陷阱，你就不會做以下四件事，但是如果你想要像領導者一樣行事，你就需要花時間做以下四件事：

－與不同的人和團隊建立橋梁　－做有遠見的事

－提升影響力　－將想法與個人經歷結合

‧我們很難直接學會這些事，特別是當它們還沒有產生效益時。所以不管你的情況如何，以下五件事可以讓你目前的工作成為一個平台，進一步提升你的領導能力：

－增強對形勢的定位感　－接觸專業領域之外的專案

－參與外部活動　－結合個人經歷談談「為什麼」

－解放你的日常排程

第3章

建立良好的人際關係網路

如果要為各種領導能力的重要程度打分數，並將滿分設定為五分，那麼我的第一問題是：「建立一個良好的人際關係網路」這項能力，對於實現你的目標來說有多重要？你給它打幾分？我的學生當中，很多人都認為該能力至少應該有四分。不管你是否願意去經營你的人際關係網路，我們都不得不承認，良好的人際關係網路對於能力的提升，以及未來的成功都有著非常重要的作用。

那麼，良好的人際關係網路是如何為你服務的？首先，它能讓你的消息變得更靈通，更容易獲取最新的資訊；其次，它讓你更富有創新精神，為你的創意發想提供更扎實的基礎；最後，它還可能在你遭遇危機時，助你脫離險境，這樣的例子不勝枚舉[1]。

如果要成為一名優秀的領導者，良好的人際關係網路必然成為獲取最新策略並吸引合適人才的有力工具。首先，它會是一條重要管道，透過它你可以把自己的想法推銷給你需要爭取合作的人，並獲得他們的支持，再透過實際行動，告訴那些不相信你的人該想法的可行性。其次，良好的人際關係網路還可能讓你瞭解當前的政治動態，以免你的想法受其阻礙。此外，它還能幫助你改善工作環境和氛圍，即使

透過在公司內外建立良好的人際關係網路，來提升你的外在表現力

● 圖3-1

你現在所扮演的角色或是工作任務尚未發生改變。而如果缺少一個良好的人際關係網路，你事業目標的達成可能會受到限制。最後，擁有一個良好的人際關係網路，還意味著你有一個高效的「雷達網」，透過這個「雷達網」，你可以找到下一個能給予你幫助的人，或是找到那些可能認識你的人，並從中瞭解他們對你的真實評價。總之，良好的人際關係網路是提升外在表現力的重要依靠。

在現實中，即使一個人知道人際關係網路的重要性，也並不代表他會花上足夠多的時間和精力去用心經營，讓它變得更強更可靠。我們多數人都是如

此。對此，我提出第二個問題：你會為你目前的人際關係網路打幾分？

我猜第二個問題的分數不會太高。我的學生們大多數為自己打了兩到三分。很多人都承認，依照他們自己的標準，他們的人際關係網路還有很大的提升空間。

本章將會告訴你如何建立一個更強大的人際關係網路。一開始，我們首先會討論你對於人際關係網路的態度是如何限制你的發展，以及你目前的人際網路是否會為你帶來新的想法。接下來，我們將會驗證人際關係網路的三個重要特性會如何影響你。最後，我們將制訂出一個能幫助你建立廣泛多元的人際關係網路計畫。

下面我們先來評估目前你的人際關係網路情況。

下一頁的「人際關係網路評估」，可幫助你對自己目前的人際關係網路進行一個快速評估。裡面的問題是我在課堂上給學生使用的精簡版[2]。

人際關係網路評估

試著回想在過去幾個月中，你曾和多達十個人討論過重要的工作問題（不必非得要想滿十個人）。你可能已經徵求過他們的意見，從他們身上獲得想法、幫助你評估機會，或者幫助你決定重要的行動。不要擔心他們應該是誰，只說出你最近實際向其求助的人的姓名。

在下面直覺地列出他們的名字。

1.
2.
3.
4.
5.
6.
7.
8.
9.

10. ______

花點時間檢查你所列出的姓名。列出將這組姓名作為人際網路核心的三大優勢和三個弱點：

我目前人際網路的主要優勢是：

1. ______
2. ______
3. ______

我目前人際網路的主要弱點是：

1. ______
2. ______
3. ______

稍後我們將回來看看你的答案。

我們都很「自戀」且「懶惰」

最近我很喜歡問學生們這個問題：根據研究，你認為以下哪一點是職業關係中最重要的決定性因素？在以下選項中選出一個：

- 聰明才智
- 吸引力（包括外在美和內在魅力）
- 相似度
- 物理（實體）上的鄰近
- 社會地位高

接受調查的人大多數選擇了「相似度」（正確答案），或是「吸引力」（「相似度」的另一種說法）。研究結果顯示，那些與我們相似的人更容易影響我們。當然，我們也許會被一個人的聰明才智所吸引，或是因為其社會地位高而崇拜他們。但是這裡我們所說的是互相吸引，只有當兩個人有相似的聰明才智和地位背景時，兩人之間才會產生互相吸引的化學反應。

我把這種行為稱作關係構成中的「自戀原則」（Narcissistic Principle），這是社會科學研究數十年來總結出的一項非常強而有力的結論[3]。一般情況下，我們自然而然地會被與我們相似的人所吸引。在他們的想法還沒有被證實是否可行之前，我們就會對他們給予肯定，並幫助他們創造更多的條件來增加其想法的可行性，彼此之間的關係也就能得到進一步發展。在受到威脅或是模稜兩可的情況下，「自戀感」會更加強烈，因為我們需要依靠它們尋求安全感並獲得肯定。演化心理學家解釋說：這種原始本能的產生，來自於史前時代。在那時，我們需要快速確定一個陌生人是潛在的朋友還是敵人，如果判斷出現錯誤，那麼我們會付出慘重的代價[4]。

一些學者指出，我們習慣用「和我很像」這一暗示語來評價一個新加入者。這樣的思維傾向是很難改變的，即使是在這樣一個需要多元化的商業世界中。例如，一系列著名的研究發現，求職面試的成功與否取決於面試官在最開始幾分鐘內對你的第一印象[5]。如果雙方一開始就有很多共同點，例如是同鄉、同一所學校畢業，或是有一個共同認識的朋友，求職者應徵成功的機率會大大增加。

如果沒有這些共同點，彼此之間就很難產生關聯。在INSEAD，每天都有這樣的例子。我的課堂上，學員來自世界各地，既然大家都聚集在此，那就證明彼此之間應該有很多的共同點，但是在吃飯的時候，大家還是習慣和自己的同胞坐在一起。在一家公司內部，同樣會分成不同的「部落」——同一個「部落」裡的人有著同樣的技術專長、專業術語、行為準則、民族文化、教育背景、事業前景等。因為去瞭解別的「部落」成員要花費更多的時間和精力，因此得出了關係構成中的第二個原則：「懶惰原則」（Lazy Principle）。

調查結果顯示，在「相似度」之後第二重要的決定因素是「物理（實體）上的鄰近」[6]。我們不僅「自戀」，而且還「懶惰」。我們喜歡接觸那些容易接觸到的人，因為那樣不需要付出太多的努力。不妨想一想，如果一家公司的辦公室分散在不同的地方，那麼一般情況下，大家只會與鄰近辦公室裡的人建立聯繫，甚至只和同一樓層裡的人建立聯繫，而且大多數人都是屬於同一部門或是同一小組。工作之外的場合，其實也會產生很多的相似點。一項意義重大的研究發現，同一棟樓的鄰居間產生友誼的可能性，要遠遠大於不同大樓的人們[7]。很多友誼都是在同一樓層裡產生的。

如果你的人際關係網路只是在「自戀」和「懶惰」的原則下產生，那你可能很難跟上世界發展的最新趨勢，更別說要領導別人。有別於受業務支配的領導者，高效領導者會創造且利用人際網路來產生新的觀點，與不同領域的人建立聯繫，進而徹底產生一些不同的看法。我們將會看到，當高效領導者遇到困難時，他們可以向很多人尋求幫助；當他們提出新觀點時，也有很多人會支持他們。這些領導者明白，將時間花在建立和維持人際關係上，是對提升領導力的一種必要投資。因為沒有人能夠知道所有問題的答案，或是總能提出一些正確的問題，所以領導者建立起一個多元化的人際關係網路來填補自己的空白處，是非常重要的。

接下來我們需要瞭解，要像領導者一樣行事，並不只是與你所做的事有關，還與你所結交的人有關。

下面「領導者如何利用人際關係網路這項基本工具」歸納了這一點。我們將看到，為了成為一名優秀的領導者，你需要有一個多元、廣泛、動態以及跨領域的人際關係網路來進行改變，賦予你扮演一個更強大領導者角色的任務，並促進你的職業發展。

領導者如何利用人際關係網路這項基本工具

- 感知趨勢和發現機會
- 與不同領域的意見領袖和人才建立聯繫
- 跨界合作，創造更多價值
- 避免團體迷思（Groupthink）
- 整合突破性的想法
- 取得發展事業的機會

思維僵化會造成人際關係陷阱

很多像羅伯特（見第二章）一樣的管理者，不僅限制了他們的領導能力，還限制了自己發展前景，因為他們堅持從舊的人際關係中瞭解情況，獲取觀點和建議。正如之前所提，羅伯特在同一個職位上掙扎了好幾年，他越來越覺得無聊和迷茫，這些工作他閉著眼睛都能完成。他對公司和給過他機會的上司很忠誠，但是上司卻

沒有看到他的領導潛能。因此他選擇與其他高階管理者建立聯繫，希望他們能指導他打破現在的僵局，但這些努力並沒有用。他想，是因為他太沒有耐心了嗎？

事實上，內向的羅伯特不需要更多的導師，而應急需擴展他的視野。這樣他才能發展自己其他方面的能力，告訴上司們他們對他的看法已經過時了。因此，他不得不突破自己的性格限制，迫使自己開始與「屋外」的人進行交流。

起初，他與一些以前的同事一起吃午餐，這些同事跳槽到同一產業的其他公司或是剛創業的公司。他與獵人頭進行交流，甚至與健身房裡的人閒聊關於工作的事。這些不斷增強的外部人際網路，讓他瞭解到他所處產業的整體情況，也瞭解到其他人如何轉變成一名優秀的領導者。這些新的關係，讓他發現了自己新的優勢和經歷——這樣一個新發展的自我形象，最後幫助他建立自信。

當他看到新的人際關係網路所帶來的價值後，他也就不再擔心該如何分配時間去建立關係。不幸的是，在我們瞭解人際關係網路到底是什麼，能帶來什麼好處，我們能透過網路為別人做些什麼之前，我們是不會把時間投資在這上面的。對於每一位看到維持廣泛多元的人際網路價值的管理者來說，如果不是因為討厭社交，那就需要更多的努力來克服先天性格上對建立人際網路的排斥心理。

在我的學生中，很多人認為人際關係網路的本質是虛偽的——從別人那裡獲取支持的一種手段，也因此你有義務回報他們。卡洛斯是一家消費品公司的產品經理，認為人際關係網路實際上就是在「利用別人」。對他來說，這種能提供支持、見解、資訊以及其他資源的人際關係網路，相當於「當我需要他們時，就讓他們排著隊，然後從中選選看誰能幫助我」。這種事非常的虛假，充其量只是一種冠冕堂皇利用別人的手段。卡洛斯並不是唯一這樣想的人，下一頁的「當人際關係網路讓你覺得卑鄙時」中，很多人都表示帶有目的性的人際交往，會讓他們覺得自己「不乾淨」。

因為經營人際關係讓他覺得是對自己誠信的一種不忠，所以卡洛斯選擇繼續待在舒適圈，這個舒適圈指的是他在自己的地區業務中建立的長期關係，他在當地有著良好的人際關係網路。卡洛斯是一個外向的人，會參加很多工作外的活動，例如和俱樂部裡的人一起打高爾夫球，這樣加強了他和顧客、團隊夥伴甚至是工作小組

以外同事的關係。但是由於他所有的時間都是在家鄉巴西度過的，相比那些經常在世界各地跑動的同事，他的戰略夥伴關係就沒有他們多。因此他現在最需要的，就是讓那些能提拔他的決策者認識自己。「我知道從戰略的角度來看，我應該要與很多人保持聯繫，」卡洛斯說，「但是我一直待在巴西，所以和不在巴西的人保持聯繫太費力了。我應該怎麼做呢？難道要向他們發一封郵件說：『最近好嗎？』這對我來說太虛偽了，我更喜歡直接說：『我們來談談這項合作吧！』我知道我應該處理這些人際關係，但這對我來說真是不容易。」

當人際關係網路讓你覺得卑鄙時

提吉安娜・卡賽洛（Tiziana Casciaro）、法蘭西絲卡・吉諾（Francesca Gino）和瑪麗亞姆・柯查基（Maryam Kouchaki）這三位商學院教授，決定研究他們親身經歷和經常從MBA學生那裡聽到的事：人們非常厭惡「工具性人際關係」。人們多將此定義為試圖建立聯繫來發展自己的事業（而不是「個人人際網路」，後者更具自發性，目的在建立友好、合作的連結）。

在其中兩個研究中，光只是想到「工具性人際關係」這個詞，研究對象也會感到骯髒，以至於他們不自覺地想要洗澡或刷牙，或者將清潔產品，如Windex清潔劑、多芬香皂和Crest牙膏等，視為比其他中性產品（如：3M便利貼和南塔基特果汁）更有吸引力的產品。

為了瞭解實驗室外發生的實際情況，卡賽洛、吉諾和柯查基設計了第三項研究——調查北美一家大型律師事務所的律師。他們發現，人們擁有的權力越多，他們就越不會對「工具性人際關係」產生疑慮。他們要求律師填寫關於他們社交活動頻率的表格，接著填寫一份調查問卷，其中有一句話是，「當我運用專業人際網路時，我通常覺得……」，然後律師們得填入一個形容詞：「骯髒」「羞愧」「不真實」「不舒服」或「快樂」「興奮」「焦慮」「滿意」。他們在公司的職位越高，選擇負面形容詞的可能性就越低。

為了確實地找出職位權力對人際工具與個人人際網路等相關情緒所產生的影響，他們設計了第四項研究，先設定好研究對象的權力水平和被要求使用的人際網路類型。一些參與者設定為在公司中的職位不高，另一些人則設定擁有高階職位的權力。接下來，部分參與者被要求發送一條目的在建立專業關係連結的LinkedIn資訊，其他受測者則被要求透過Facebook發送資訊，以發展個人化的人際關係。他們隨後評估了參與者的感受，總結後發現，在Facebook上發送個人資訊的人，比那些在LinkedIn發送專業資訊的人感覺要卑鄙骯髒得多。而且，被告知他們擔任低階職位的人，在發送LinkedIn資訊時，比那些被分配擔任高管的人選擇了更多的清潔產品；但「高層們」在產品選擇上並沒有太大差別，無論是發送 Facebook還是LinkedIn訊息。

教授們從研究中瞭解到「工具性人際關係」對事業成功的重要性。他們發現，自信與這種個人化的人際交往的舒適程度有很大的關係：高級律師並不覺得這與他們的專業人際網路有衝突，因為他們相信自己本身能提供價值給他人。另一方面，處於低階職位的人更可能懷疑自己所能貢獻的價值，在互惠互利的交流中，他們感覺更像乞求者，而非平行地位。

像卡洛斯一樣，很多沒能成功建立廣泛人際關係網路的人都會辯解，這是因為自己個人價值觀的影響。本書第一章中所提到的雅各，也告訴我他對這種帶有目的性的行為的厭惡，讓他沒有辦法建立起一個必需的人際關係網路，他認為「關係應該是自然而然發展起來的」。此外，他那井井有序的跨國大公司為他安排好的職涯道路上，並沒有提供他建立跨界網路的條件，「我的公司就像一個繭：每一件事都安排得有條不紊——在這個世界裡，你不需要與外部建立聯繫。甚至管理課程都是在內部進行培訓——把公司在世界各地的員工聚集在一起」。他那有限的人際關係網路使得他很難瞭解到銷售、金融以及其他職能領域的需求，因此不管他花多少時間待在辦公室思考，都很難把這些多元視角聯繫整合，並提出可行的商業戰略。

在轉變過程中，一些人開始慢慢接受這種轉變，在相互影響中一點點改變。而另一些人覺得太過政治性而拒絕接受，結果他們的能力沒有辦法得到提升，也無法朝著目標繼續前進。正如我在第二章提到的，招募股東、與夥伴和支持者建立聯盟，以及感知外部形勢，這些都是領導者應該要做的事。當我們把人際關係的本質定義成是為了實現自我利益，甚至有些骯髒時（或是別人為你的人際關係下定義時），我們就常常會先去解決當務之急以及處理個人關係，而不是把時間投資在不確定能否獲得回報的長期戰略性人際網路上。如果要把人際關係網路想得更高尚一點，唯一的辦法就是去做，然後感受它為我們所帶來的價值，不僅僅是為我們自己，同時還為我們的團隊和組織。

缺乏人際交往的經驗也常常會讓人們質疑他們時間分配的合理性，尤其是當人際關係和手邊的工作沒有關聯時。如果我們沒有把人際關係的建立看成工作和責任的一部分，就會很難進行這件事。當我們已經很難擠出時間去做實質性的工作時，為什麼我們還要去擴大那些帶有投機性質的人際圈？

下面「讓你無法擴展人際關係的陷阱」，歸納了一些反駁以上想法的觀點。

像這樣的陷阱會蒙蔽那些有能力的人的雙眼，讓你更容易感染「自戀」和「懶惰」一症，也會讓你的思維變得狹窄，限制你的領導能力。你待在一個既舒適又封閉的圈子裡，讓你和你的團隊都禁不起外界環境變化的考驗，遇到突發狀況時只會措手不及。更糟的情況是，你會讓依賴你的夥伴覺得你的效用越來越低，因為你無法

為他們提供新的資訊（或是不能幫他們達到新的高度）。跨過這些陷阱，你才能知道不同的人際關係網路是如何產生不同的作用。

讓你無法擴展人際關係的陷阱

- 你認為經營人際關係並不是真正的工作。
- 你認為這些是在利用它人，而且感覺不真實。
- 投資人際關係的回報是長期的，但你有更緊迫的事情要做。
- 你認為人際關係應該自然而然地發展。

構建你的人際網

毫無疑問，你已經建立起了一些人際關係網路，現在的問題是，你建立起的網路是哪一種類型。

我們可以把人際關係網路分成至少三種類型，分別是營運關係（Operational Networks）、個人關係（Personal Networks）和戰略關係（Strategic Networks），這些關係在幫助你在成為一名優秀領導者的道路上，發揮至關重要的作用。良好的營運關係幫助你處理當前的內部事務；個人關係幫你提升個人發展空間；而戰略關係則側重於幫你找到新的商業方向，並為你尋找能幫助你的股東或夥伴。雖然在如何建立和利用好營運關係和個人關係方面，人們之間的差異很大，但我發現幾乎沒有人能充分利用戰略關係。下面我先簡單介紹一下這三種關係類型（見表3-1）。

我遇過很多人都有著良好的營運關係。你依賴這個關係中的人把工作做好，這些人包括你的下屬，你的上司，公司其他部門的人和公司外一些重要人士，如供應商、經銷商和顧客。該關係的組成主要由你的短期工作需求或是日常任務來決定。當然，是否要進一步發展，優先處理哪些重要的關係，取決於你自己的個人意願。但是在這個關係網路中，你基本上是不能隨意支配的，因為該關係主要由工作和組織結構決定的。一個良好的營運關係會提供一種「可靠性」，但是它除了幫助你完成職能目標和被分派的任務，好像就沒有更多的價值了，它不能幫你提出一些戰略

營運關係、個人關係和戰略關係之間的差異

	營運關係	個人關係	戰略關係
目的	管理每日任務；確保任務有效完成	在個人生活和專業領域裡發展，能愉悅自己並讓自己獲得進步	瞭解你所在的環境並提出戰略性意見，從中獲得支持
定位	大多是內部關係	大多是外部關係	內部和外部都有
時間範圍	短期	短期或中期	中期或長期
主要關係	不可任意支配；主要關係大多由工作和組織結構決定	可任意支配；主要關係都由當前利益和即時工作需求決定	部分可支配，但都和戰略相關；主要關係由所在產業環境和組織環境所決定

● 表3-1

性和放眼未來發展的問題——「我們能採用什麼新的辦法呢？」

很多人的個人關係網絡非常多元和廣泛。你可以隨意支配該關係裡的人，包括那些和你比較親密的人，如朋友、家人和你信任的顧問，以及你透過工作、校友會、俱樂部、慈善機構認識的人，還有一些和你有共同興趣的人。該關係的組成根據你的個人目標和喜好來決定。一個良好的個人關係能為你帶來志趣相投的朋友，還能提供重要的意見，擴展你工作外的職業視野，有的人還可能成為你的良師益友，給你提供發展支援。當你要找一份新工作或是需要職業意見時，你都會先從這個關係裡的人中獲取幫助。

但是個人關係會花費很多的時間和精力，這就是當人們日常工作很忙時，就不再發展個人關係的原因之一，不過當他們非常需要一份新工作時，又會重新開始發展個人關係。他們把個人交際圈看作是和日常工作完全分離的東西，而沒有發現營運關係和個人關係能夠結合起來的潛在能力，將兩者結合起來就能互相豐富和鞏固。

第三種關係——戰略關係，是指在未來發展道路上可以幫助你的關係。它能讓你的創意被投資者看中並購買，能幫助你獲取所需要的資訊和資源。想要建立一個良好的戰略關係網路，不僅需要你在公司外部經營上花費時間和精力，還需要你參加更多工作以外的活動，來提升你的外在表現力。與營運關係相比，你對戰略關係有更多的支配權，但是卻沒有個人關係的多。很明顯，一個戰略關係是由能幫助你在未來有競爭力的人和組織構成的，但有趣的是，哪些人應該出現在這個關係中常常是不太明顯的。一個良好的戰略關係能給你帶來連結優勢（Connective Advantage）：讓你能夠整合資訊，獲取支援；或者從你其中一種關係中獲取資源，並在另一種關係中得到回報。這不是一種一對一的關係，更多的是一種相互有交集的關係。

正如我們所看到的，你需要三種基本連結優勢的資源來建立你的人際關係網路。當你開始讀下一節的時候，你也許應該翻回本章第一百二十一頁的〈個人人際關係網路評估〉，評估一下這些關係的特性是促進還是阻礙了你的發展。

尋找人際關係優勢的「BCDs」

你的人際關係網路的戰略性優勢，能幫助你成為一名優秀的領導者，該優勢取決於以下三點性質：

- 廣泛性（Breadth）：一個廣泛的人際關係網路，與各行各業的人建立聯繫
- 連結性（Connectivity）：作為橋梁連接一些在其他方面沒有關聯的人和團隊的能力

- 動態性（Dynamism）：隨著你的進步而發展

我把以上三點性質稱為人際關係網路的優勢：BCDs，即是人際關係網路的優勢＝B＋C＋D。

廣泛性：你的人際關係網路的多元化程度如何？

我的學生在評估他們的人際關係時，注意到的第一件事是，他們和一些人談論某些重要的工作問題，因而建立起關係，這類關係比想像中要更加關注內部。他們開始關心廣泛的戰略性問題和組織變化過程時，在他們工作領域之外的人際關係，對於他們領導完成任務的能力更為重要。在如今這樣一個互相關聯的世界裡，在外部建立一個強大的人際關係網路，能讓你接近環境趨勢中最優質的資源，這對於領導者這個角色來說是非常重要的。

我對學生們進行調查後得到的資料顯示，我們仍然沒有把人際關係網路的優勢發揮到最大。我們建立的人際關係網路主要傾向於目前的職能、業務或是辦公室相鄰的團隊，很少會接觸到其他職能或是物理位置上離我們相對遠的團隊。除此之外，在這樣一個外界環境變化多端的世界裡，我們仍然相當依賴公司內部的人際關係網路。

正如下頁圖3-2的資料顯示，學生們大部分的人際關係網路都僅限於他們所在的專業領域、部門以及公司。平均來說，不到四三%的人與其他領域和所在部門外的人討論重要事情，而只有四分之一的人與公司外的人建立聯繫。但是平均值有時是帶有一定欺騙性的：數值分布顯示，一些受訪者完全沒有從人際關係中獲得任何洞察力的提升，同時和外部沒有任何聯繫。

但有時候你的人際關係網路可能會太過多元化：調查顯示有些受訪者發展了太多的外部關係，專業領域外的關係達到了一〇〇%，部門外的關係為九五%，公司外的關係也達到了八八%。如果管理者想要換一個新工作，那麼建立這麼多的外部關係是可以的。但是如果你想把外部獲得的方法運用在自己的公司，那麼只建立起那麼多外部關係對你的幫助並不大。正如我們在第二章所說的，如果你在公司內部的關係並不牢靠，那麼你沒有辦法將外部資源和內部資源有效整合起來。

人際網路的多元化：外部人際關係

關係網路中的人們

	你的專業領域之外	你的部門之外	你的公司之外
最小值	0%	0%	0%
平均值	41%	35%	25%
最大值	94%	95%	71%

0% 20% 40% 60% 80% 100%

資料來源：2011-2014年，參與歐洲工商管理學院（INSEAD）所開設的領導者培訓課程的156位校友的調查情況

● 圖3-2

對於人際關係網路的另外一個盲點是：低估了下屬的潛在貢獻。管理者們在努力往上爬的過程中，只關注更高階的人而忽略了與下屬建立關係，而下屬對於他們能否獲得上級的肯定卻很重要，因為他們的提案要先能吸引下屬。一位管理者是這樣跟我解釋的：「如果我和更多的下屬保持好關係，我就能在上司面前增加更多價值。例如，最近我們在討論一個全球人士的調查結果，我聽完他們所有人的評論後說：『你們是從一個上司的角度來看這個問題，關心該如何解釋這個結果，而你們下屬的說法會完全不同』，我瞭解他們是因為我花了很多時間與他們待在一起。」如果給你兩個關係選擇：你公司上級們的人際網路和多元化的人際網路，你會選擇哪一個？研究顯示你更有可能選擇後者。因為人際關係的原則是「利益互惠」（Reciprocity）。多元化人際關係的價值不僅僅在於關係網路中的人能為你做什麼，而且還在於你能為他們做什麼。你的上司不需要你為他們和其他上級牽線，因為他們已經認識對方了。他們需要你從其他地方，如公司外部、跨領域或是基層員工那邊為他們帶來更多新的想法、見解和最佳方法。正如下頁圖3-3顯示，很多管理者都缺乏一種全面看待問題的能力，而這種能力你只能從你與同事、上級和下級所建立的多元化人際關係中獲得。儘管平均數字顯示，各組所占比例都大約是三分之

人際網路的多元化：跨階層人際關係

關係網路的構成

	上級	同儕	下屬
最小值	7%	0%	0%
平均值	34%	30%	26%
最大值	100%	83%	67%

0% 20% 40% 60% 80% 100%

資料來源：2011-2014年，參與歐洲工商管理學院（INSEAD）所開設的領導者培訓課程的156位校友的調查情況

● 圖3-3

一，從數值分布還是可以看出，很多管理者仍然很少在這類人中建立關係。

下面「為什麼我們需要新血？」，解釋了多元化是如何幫助一個團隊創造出優異成績。

為什麼我們需要新血？

史提芬・伍奇提（Stefan Wuchty）、班傑明・瓊斯（Benjamin Jones）和布萊恩・烏齊（Brian Uzzi）組成了一個跨學門的研究小組，他們運用大數據來驗證一些突破性的觀點研究是如何產生的。伍奇提和他的同事在著名的科學期刊上發表了研究成果，這項大規模研究蒐集整理過去五十年、近二千萬篇學術文章與二百萬本專刊的數據。他們發現，其中不同之處在於產生這些想法的人際網路類型。

研究顯示，孤獨的天才或發明家——想想牛頓或愛因斯坦——的時代已經過去了。創造性和科學性工作已經轉移成團隊模式。近期，更有轉變成大型分散式團隊的趨勢，例如數百名從事人類基因組計畫的科學家。

但是，根據論文和專刊的測量數據顯示，只有單一化的團隊，並不足以產生具有衝擊性的想法。真正偉大的想法更有可能來自跨機構合作，而非來自同一所大學、實驗室或研究中心的團隊。不僅如此，最成功的團隊總會混合小組成員。他們避免總是與同一個人一起工作的陷阱，更會為團隊引入新人和從未合作過的人。

烏齊和他的另一位同事賈瑞特・史皮羅（Jarrett Spiro）也發現，這種組成就像百老匯和生物技術一樣具有多樣性。例如，在一九二〇年到一九三〇年之間，八七%的百老匯劇場都倒閉了，儘管有很多歌劇大師，像是羅傑斯、漢默斯，以及吉爾伯特和蘇利文這樣的名人。當這些作曲大師一直在一起工作，卻沒有任何新血加入時，他們的創造力也遭遇了挑戰，財務上也就面臨危機。而那些最成功的名劇，是由各式各樣的演員在一起合作創作出來的。例如，李奧納德・伯恩斯坦（Leonard Bernstein）在他的作品《西城故事》（*West Side Story*）中選用了新人史蒂芬・桑海姆（Stephen Sondheim）以及其他一些新的合作者，使之成了一部佳作。

連結性：你的人際關係網路的連結程度如何？

到目前為止，我們看到了你的人際關係網路中，有哪些人以及你和這些人是如何聯繫的。現在就要來看看這些人彼此之間是如何聯繫的，他們之間的聯繫對你來說有什麼意義。

你的人際關係網路的連結性是著名的「六度分隔理論」原則（Six Degrees of Separation Principle）的基礎。「六度分隔理論」是由哈佛大學心理學教授史丹利・米爾格蘭（Stanley Milgram）在一九六〇年提出的，指的是你和任何一個陌生人之間所間隔的人不會超過六個，也就是說，最多透過五個中間人你就能夠認識任何一個陌生人[8]。所有LinkedIn的用戶都知道，關係網路中任何兩個人之間的分離程度越小，就越容易獲取你所需要的資源。

在原始研究中，米爾格蘭給住在內布拉斯加州的一群人每人一封信，要他們把信送到住在曼徹斯特的一個股票經紀人手中（他們並不認識這個人）。他們的任務是把信送到他手中，透過先把信給自己認識的人，然後那個人轉又交給其他人，這樣一個傳一個，最後就能把信送到經紀人手裡。米爾格蘭發現不管把信交給誰，最後到達經紀人手中時，中間者都不會超過五個人（也因此得出了「六度分隔理論」）。但其實也有很多信沒有送達，那是因為參與者的第一度——參與者所認識的人不認識任何外面的人，所以很多信都沒有辦法從內布拉斯加州送出去。這些人僅僅只認識自己生活圈中的人。

當你陷入「自戀」和「懶惰」的陷阱時，類似的情況也會發生：你認識的人和你有著共同的朋友，所以資訊只能在同一個辦公室、同一個產業、同一個地區裡傳播。社會學家用「密度」（Density）這個詞來形容這種人際網路性質：它量化了一個人際網路中人們互相認識的百分比。「密度」不是一個很完美的測量方法，但它是用來檢測你的人際關係網路中有多少「六度」潛力的一個快速方法。請見下頁「計算你的人際關係密度」。

你很可能像我的學生一樣，人際關係密度值偏高。我在課堂上進行了這個測試，平均密度值在五〇%以上左右，但是相較於經常與諸如顧問、投資銀行家、律師、獵人頭和審計師這些外部客戶打交道的專業人士，和一些回到學校進修深造的人，儘管數值已經很低了，但其最大值還是會達到一〇〇%：當與你商討大事的人彼此之間都互相認識時，你的人際關係網路屬於近交人際關係網路（沒有其他詞彙更適合了）。

計算你的人際關係密度

回頭看看你在第一百二十一頁人際關係網路評估中所列出的十個姓名，並將這些名字放在這裡提供的方格內。如果這兩個人認識彼此，請在沒有塗上灰色色塊方格中打勾。如果你不確定這兩個人是否認識對方，就先假設他們不認識彼此。

請從1號人選開始，檢查1號人選是否認識2號、3號、4號人選等。然後再檢查2號人選，依序檢查清單中的所有人選。

現在，跟著以下步驟計算你的人際關係密度：

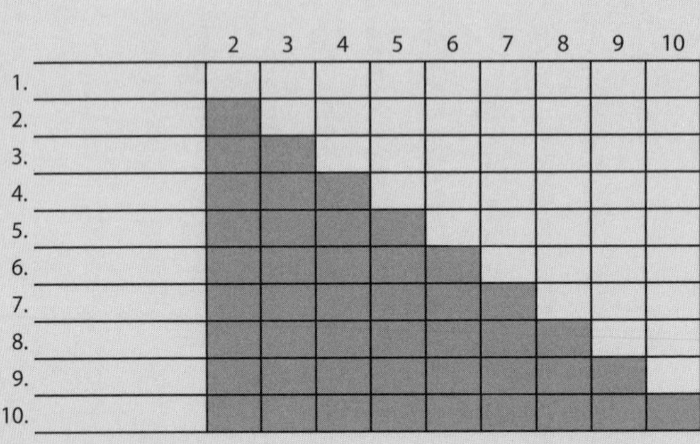

1. 計算列表中的人選總數（最大值是10），然後把數值寫在此處——
2. 將上面這個數字乘以該數字減1，再將結果除以2，然後把數值寫在此處——
3. 計算你在方格中打勾的總數，然後把數值寫在此處——
4. 將步驟3的數字除以步驟2的數字，這就是你的人際關係密度，請把結果寫在此處——

人際關係密度的分數越低，代表近交人際關係網路的情況越少（請注意，低密度不一定比較好，正如我後面所解釋的，密度太低也會產生其他問題）。

為了更確切瞭解近交人際關係網路的問題所在，讓我們來看一下在一個完全不同的環境下人際關係密度的影響：所謂的「肥胖傳染病」（Obesity Epidemic）。尼古拉斯・克里斯塔基斯（Nicholas Christakis）和詹姆斯・福勒（James Fowler）兩人之前只是普通的大學教授，沒沒無聞，但後來他們證明了肥胖是會傳染的，因此而一夜成名[9]。

他們分析了從一九四八年到二〇一五年，住在麻塞諸塞州弗雷明漢（Framingham）的一萬二千戶居民的健康紀錄和社會關係。利用先進的視覺化技術和細緻的統計管理，他們發現胖子比較傾向於聚在一起，而瘦子也會偏向於和其他瘦子往來。但是這不是證明了物以類聚，而是證明了如果和一個胖子建立聯繫，甚至並不是直接聯繫，都有可能讓一個人也開始發胖。他們得出的結論是，瘦子和胖子傾向於生活在不同的、相互沒有關聯的社會團體中——「小圈子」（Microclimates），即在圈子內部有著自己的世界觀和價值觀，不同圈子之間有著不同的社會準則，持有不同意見。在一個緊密聯繫的圈子中，圈子裡的成員們顯然沒有辦法提出超出團隊內部世界觀的認識。

在工作中，如果身邊的人都是和我們一樣或是之前一起工作過的，那我們的人際關係網路就會是一個回音密室，不會有新的資訊傳入，因為大家的資源都是一樣的。如此一來，整個團隊在很多事上意見都一致，一段時間後，大家所做所想都會變得差不多。下面「創新者人際關係所面臨的困境」，提供了令人信服的資料，證明了以上研究結果。

創新者人際關係所面臨的困境

芝加哥大學社會學家羅恩・伯特（Ron Burt）的一項研究證明，近交人際關係網路的成本。當伯特對雷神公司（Raytheon）這家大型電子與國防軍火公司的供應鏈經理們進行研究時，他發現該公司能夠輕而易舉地提出好的想法，卻很難將這些想法化為現實。

伯特要求經理們寫下他們關於如何改善業務營運的最佳想法，然後請公司的兩位高階主管對這些想法的品質給予評價。然後，他繪製出這些經理們會向誰諮詢的人際網路圖。伯特在這有著非正式密集溝通模式的諮詢團體中，尋找他所謂的「結構洞」（Structural Holes），進而發現這個小圈子幾乎與外部沒有任何連結。

他多年的研究顯示，那些能夠跨越結構洞的人，才能從人際關係網路中獲益最多。這些人看得更多、知道得更多；他們同時擁有更多的權力，因為其他人必須透過他們，才能在團隊外部建立聯繫。

毫不意外，評價最好的想法來自在工作團隊之外有直接聯繫人脈的經理。然而，大多數經理都傾向與人際網路內部的同事透過非正式討論來激發點子。結果當然是，他們沒有發展出什麼真正的好主意。

這種情況還會在很大程度上限制你在人際關係網路中的價值，因為你沒有辦法提出獨一無二的想法。你的相對優勢——如何和那些與你一樣聰明，一樣努力，技術一樣好的人區別開來——取決於把那些通常不聚集在一起的人或是未融合在一起的想法和資源連接在一起的能力。

一些研究顯示人際交往密度有一個最佳值：四〇％左右[10]。不過，大多數情況下取決於你的工作性質。如果你的人際關係網路太過稀疏，你就缺乏一種連結性。對於大多數人際關係網路來說，你只是一個「訪客」（Visitor），而並非其中的「公民」（Citizen）。也許你會有很多想法，或是認識很多人，但是你沒有辦法把它們用在你自己的工作（或是你所處的任何團隊）中，因為你無法取得在轉變過程中會遇到重要問題（第二章討論過）的內部資訊：不知道如何推銷你的想法，不知道有誰會反對以及如何說服反對你的人[11]。

如果你的人際網路太過稀疏，你在重要角色面前的可信度和可見度都有可能會降低，他們可能並不是很瞭解你，但是會根據你們共同認識的人而在心裡給你一個評價（就像LinkedIn裡的商務人際關係網路一樣）。當你在團隊中是少數派的角色時，就常常會遇到這樣的問題。像之前提到的，「自戀」和「懶惰」原則是指人們傾向於與自己相似的人建立聯繫，因此少數派、大眾派和專業人士之間的人際關係網路交集似乎不會太多[12]。例如，在一項關於董事會的研究中，詹姆斯・威斯特法（James Westphal）發現，如果少數派董事透過其他董事和多數派董事建立起直接或間接聯繫，那麼他們會更具影響力[13]。這些人際關係網路交集就像是一張社會證書，增加了少數派董事的想法傳播的可能性。

總之，正如麥爾坎・葛拉威爾（Malcolm Gladwell）在其著作《引爆趨勢》（*The Tipping Point*）一書中指出的，人際關係網路的建立需要一些「連結者」（Connectors），他們只需透過簡單的幾步就能與其他人建立聯繫，也能把其他人和整個世界建立起聯繫[14]。「連結者」能看到某個地方有需求，而在另一個地方找到解決方法；或是某個地方有職位空缺，而在另一個地方能找到合適的人才；又或是能發現一個不同的訓練方法或本身的問題等。他們之所以有這樣的能力，是因為他們離這些事的距離只有一個或兩個「鏈長」（Chain Lengths）。也就是說，你可以透過你的朋友或是你朋友的朋友來認識「連結者」。

動態性：你的人際關係網路的動態程度如何？

「自戀」和「懶惰」的人際關係網路最大的缺點之一，就是很快它就會成為歷史，成為過去的殘渣，沒有辦法再幫助你繼續向前發展。當我們換工作、換公司，甚至去別的國家時，過去的人際關係網路會對我們造成限制，他們會將我們限制在某一個類別。因此在我們需要新觀點或是想要做其他事的時候，這樣的人際關係網路幫不上任何忙。前蘋果公司人資經理喬爾・波多爾尼（Joel Podolny），將這種人際關係網路的轉變比工作轉變發展慢的現象，稱為「人際網路延遲」（Network lag）[15]。要建立起一個能讓我們在一個新職位上，展示自己或是為未來新角色做準備的人際關係時，我們會特別緩慢。

當被問到你的人際關係網路的優勢時，很多人首先想到的是人際關係網路的品質。他們最重視那些牢固的關係，因為如果想要把事情做好，信任是非常重要的，我們通常會比較信任我們很熟悉的人。但是正如我們所見，那些我們所熟悉的人不一定能幫助我們成長。為了讓你的人際關係網路能適應未來，你需要建立並重視之前聯繫較弱的某些關係，即那些目前在你人際關係網路周遭，之前並不常見或是不太熟的人和組織（見下頁「建立一個面向未來的人際關係網路」）[16]。

建立這些聯繫的重要性是什麼呢？並不是你們之間人際關係的品質問題（目前還不是），而是要讓他們從周遭進入你的世界。這些聯繫似乎都離你有好幾層那麼遠或是在不同的圈子裡交流，這使得你要向外發展變得很難。要瞭解你那些較弱的關係或是更深入地瞭解它們，通常需要一個明確的計畫和策略——這些關係永遠不會自然而然地發展，因為沒有一個相同的環境來發展它們。但是，它們卻是你獲得最佳外在表現力的來源。

建立一個面向未來的人際關係網路

金融服務公司的高階經理潘意識到，她的工作核心與重點越來越朝向公司外部，但她毫無準備。「我在公司內部和區域內的人際關係網路相當良好」，她告訴我，「但我沒有任何外部人際網路或外部的聯繫點，我也不認為我有理解這些外部關係的價值。」從來沒有外部的人想主動認識她，而她也是。她意識到現在正是系統性地建立新人際網路的時候了。以下是她所遵循的步驟：

- 與二十到二十五位關鍵的利益相關人士保持聯繫，用你認為有意義的方式。
- 將這些聯絡人用以下類別分類：

－最高級的顧客
－你公司中最高階的人
－最高階的避險基金專業人士與競爭者
－最高階的服務供應商（例如：律師、會計師）
－在金融服務業中職位最高的女性
• 每個分類中，選出三到五位你想要保持聯繫的人。
• 決定每位聯絡人的聯繫頻率。

只發展那些較強關係的另一個問題是，它會限制你重新認識自己的能力（第四章將討論這個話題）。我調查了三十九名處於職涯中期的管理者和專業人士，問他們對於職業變化的看法。我馬上就發現了他們陳舊的人際關係網路，是如何約束他們並蒙蔽他們的雙眼。他們的朋友、家人或是關係比較好的同事，都告訴他們放棄辭職或是換工作的想法。他們的出發點也許是好的，但是當你想要突破自己時，他們是起不到任何作用的。儘管他們立意良善，但是他們只會限制你，限制了關於你是誰以及你能做什麼的想像。因此，他們會不斷地強調你想要擺脫的舊身分，甚至拚命地想要維持你的舊身分。

還記得羅伯特的故事嗎？回想一下他的目標，他想坐上公司總經理的位置，但他的導師一直覺得他能力不足，所以他的目標只能是個白日夢。他有機會接觸高層領導，但是他不相信自己——不確定自己是否有足夠的能力成為一名成功的領導者。他身邊的人對他的質疑更加削弱了他的自信心。你也可能遇到同樣的情況：在你要改變時，想要從過去的導師、老闆或是你信任的同事那獲得支持是一件很難的事，因為他們對你的認識僅僅停留在過去。這也就是你需要建立一個新的人際關係網路的另一個原因，你要成長，你的人際關係網路也需要發展。

人際關係網路的廣泛性、連結性和動態性這三大優勢都是相互聯繫、相輔相成的。如果沒有這些優勢，你就沒有辦法認識新的人，你的人際關係網路就會陷入死巷，久而久之，就會喪失洞察力和關聯力。接下來，本章會介紹一些突破這些盲點的簡單方法。下頁「你的人際關係網路出了什麼問題？」總結了這些問題。

你的人際關係網路出了什麼問題？

回到本章開頭的人際網路評估，看看你列出的目前優勢和劣勢。我們前面討論的哪些弱點符合你的實際狀況？

- 物以類聚：你的聯絡人同質性太高，個個都與你一個樣。
- 人際網路延遲：你的人際網路還停留在過去，而非面向未來。
- 回音密室：你的聯繫人內部化，他們彼此也都認識。
- 鴿籠限制：你的連絡人無法看見你執行不同任務時的行事方式。

如何在公司內外建立人際關係網路

要像一個領導者一樣思考，首先要建立一個新的人際關係網路。先從你目前人際關係網路的邊緣開始，積極參加一些新的活動，透過朋友認識更多的人，逐漸向外擴展人際圈，並與他們保持聯繫，進一步認識更多正在前進道路上且志趣相投的人。

展示自我

伍迪．艾倫（Woody Allen）有句著名的話：「成功的百分之八十在於自我表現。」自我表現是擴展人際關係網路的偉大嚮導。（當然，他還說：「有時候賴在床上會更容易，所以兩件事我都做。」）

正如第二章所說，管理者們可以透過專業組織、產業聚會、校友網路以及和自己相似的人，來建立他們的興趣或專長領域，進而擴大他們的工作範圍。這些重要的外在表現力來源，還提供了現成的人際關係網路，透過這個網路你可以很容易地和外部分享並增加你的知識。這些成長社群（或是在網上也很容易建立）幾乎存在於每一個你可能感興趣的商業領域，從品牌管理到私募股權再到產品創新都可發現（這裡只是舉幾個簡單的例子）[17]。

參與並展示自己，只是第一步，如果你就此停住，這僅僅是建立了你的個人網路。為了讓這些關係網路發展成戰略網路，有經驗的管理者會利用他們從工作和公司外部蒐集到的資源為餌，從內部吸引之前沒有接觸過的人和團隊，建立更有價值

的人際關係網路，使之成為一個發展戰略關係的舞台。

我遇過很多成功的管理者都會利用他們的個人興趣來創建自己的團體。例如，一位熟悉科技業的投資銀行家，每年都會邀請重要客戶和她一起去看戲（她的興趣愛好），藉此發展人際網路。她請助理買了很多票，並在戲劇開始前在劇院附近的一間酒店裡訂好自助餐。一段時間後，她和她的客戶開始把當地高科技同行的其他成員也叫來參加活動。以此方法，他們吸引了越來越多的相關人士，因為很多業務都是在餐桌上談妥的。最後，團隊成員越來越多，甚至超出了她的預算，但是參與者們並不介意自己付錢，因為他們也能從中獲取很多利益。透過這些活動，該投資銀行家發展了自己的業務，她從客戶公司那裡獲得的資訊，也為自家公司的其他部門開拓了商機和想法。

活動投資可以擴展你的人際關係網路

- 戰略性地運用專案和任務。
- 投資在例行事務之外的活動。

- 創造你自己的興趣嗜好社群。
- 利用午餐和商務旅行聯絡無法經常碰到的人。
- 主動出擊好過被動的社交機會（例如：不要只是單純出席活動、組織，或只是對他們發表演說）。
- 使用社交媒體來傳播推廣你的興趣，並透過人群分享讓它更加廣闊。

該投資銀行家的經歷，正是我們應該如何利用個人興趣來擴展人際關係網路的一個絕佳範例。右側「活動投資可以擴展你的人際關係網路」，列舉了這條道路上可以使用的方法。

當你習慣了展現自我之後，應該要開始考慮表達的重要性了。這個結論是從我個人經驗體會到的。我發現我從各種會議或是其他活動中並沒有得到太多收穫。因此，我提出了一條原則：今天，我不會參加這個活動，除非我將在活動中發言或至少能介紹發言者，又或是主持一場座談會（當然，這條原則偶爾會有例外）。

在進行了二十五年的公開演講後，這條建議對於我來說是非常容易做到的。但是，當你在一群人面前進行演講時，人們就會認識你，最後以對你的瞭解來決定他們是否想要知道更多的東西。接下來要建立人際關係網路時，他們已經知道你是誰了。這些相互作用增加了你投資成功的可能性。就我而言，當我不夠積極時，我常常會遲到，並在討論時不停地看手機（因為我很忙，家裡或工作上常常有一些很緊急的事要處理），當正式討論結束後，我也會很快離開，然後忘記參與這個活動的真正原因——透過非正式的活動來建立人際關係。因此，我無法從這些活動中得到太多東西，這完全在意料之中。

每個人都可以試著從組織一場座談會、介紹發言者或是主持問答階段，來擴展自己的人際關係網路。一開始甚至只是在座談會上提出一個好的問題，就能清楚地讓別人知道你的名字和身分。按照我的建議做幾次後就會發現，積極參與活動不會比單純出席活動花的時間長很多，但相較而言，你從建立起的人際關係網路中所獲得的回報是很豐厚的。我曾採訪過一位有自己諮詢和演講事業的女性數位策略專家，她解釋說，「她沒有嘗試過去建立人際關係網路，直到她在一次會議中進行了發言」。因為很多人都覺得她太年輕了，所以她和別人搭不上話。但是在那次的會議發言後，他們再也不把焦點放在她的年齡上了——他們知道她能提供有用的資訊。所以，除了展示自己之外，還要抓住每一次能夠發言的機會。

利用你的二度分隔理論（Two Degrees of Separation）

像米爾格蘭的六度分隔實驗中的大多數參與者一樣，我們很多人也很難走出「內布拉斯加州」。不過現在世界變得越來越小了，最新研究顯示，在如今這個超連結的世界中，我們只要透過四個人，就可以與任何一個人建立聯繫[18]。

「貝肯甲骨文」（Oracle of Bacon）網站的資料顯示，在任何選定的專業領域內，我們只需要透過兩個人就能與其他人取得聯繫，最多也不會超過三個人[19]。「貝肯甲骨文」是一個專門統計「貝肯數」的網站，美國演員凱文・貝肯（Kevin Bacon）以多產著稱，他在網路上被稱為「好萊塢宇宙的中心」，據說好萊塢的所有演員都能在銀幕上直接或間接地與他有所聯繫，不會多於六度。在一九九〇年代，美國因此出現一種「凱文・貝肯的六度」遊戲，在網站上輸入任何一個演員的名字，從寶萊塢到伊朗電影新浪潮，任何流派或是任何國家都可以，它會告訴你那個演員和凱文・貝肯之間透過幾個人就能聯繫上。例如，如果你輸入法國女星伊莎貝・艾珍妮（Isabelle Adjani），她的「貝肯數」是二：她與比爾・貝利（Bill Bailey）一起合作演過電影，而後者與凱文・貝肯一起為一九九五年的電影《雪地靈犬》（*Balto*）配音。這個範圍很少會超出三度，即使你輸入一個很久以前的電影明星，例如查理・卓別林（Charlie Chaplin），也只有兩度之遠。這就是為什麼LinkedIn的創建者雷德・霍夫曼（Reid Hoffman）發現當你在職業上要尋求幫助時，最遠不會超過三度。但是我們尚未充分利用這些關係，因為我們大多數人都沒有意識到自己的人際關係網路力量到底有多強大[20]。

當我接受委託並組織一場關於策略性人際網路關係的研討會後，我意識到了這個問題。該研討會是為《財星》（*Fortune*）雜誌中，美國前一百大公司的兩百名高階主管準備的，旨在鼓勵這些高層多發展外部人際關係網路。作為該研討會的一部分，我在巴黎組織了一次「六度分隔」晚宴。我讓每一位高層透過他們的人際關係網路，邀請一位他們素未謀面的人一起參加晚宴。很多參與者所邀請的人都沒超過一度，也就是說，他們都讓自己在巴黎的朋友或同事為他們推薦一個合適人選。

參加晚宴的人來自各行各業，彼此之間沒有很強的關聯性。第二天的會議內容是討論在他們的業務中所遇到的問題。我問這些管理者，他們當中有多少人在決定邀請誰一起參加晚宴時考慮到了策略性問題。所有人的回答都是：沒有。

善於利用人際網路關係的人能意識到並能利用他們的分隔度，他們常常會與二度分隔關係以上的人建立聯繫，有時甚至達到三度，然後減少他們與那些可能對他們有幫助的人之間的分隔度。他們還能透過擴展別人的人際關係網路，來增加自己的價值。前矽谷風險投資人海蒂・羅伊森（Heidi Roizen）就是一個很好的例子。她利用自己的娛樂愛好，把位於舊金山的家布置成她著名的「義大利晚宴」的聚會場所。參加該晚宴的規則是，被邀請的人中有一半的人不認識其他人。在很短的時間內，她的「義大利晚宴」就在當地成了熱門活動。臉書營運長雪柔・桑德伯格最近也利用這種方法而被人們所熟知[21]。

下面「利用你現有的網路向外擴展」，為你如何擴展策略型人際關係網路提供了更多的建議。

利用你現有的網路向外擴展

- 要求轉介和介紹，讓他們帶來他人。
- 使用簡單的幫忙請求來啟動關係。
- 在接觸新的人之前做好功課。
- 做些瑣碎的事情——寫感謝文字、轉發他人文章連結、利用社交媒體進行追蹤。
- 幫助你的聯絡人發展人際網路。

維持關係

當克里斯・強森（Chris Johnson）在雀巢公司（Nestlé）負責台灣市場的任務快要結束時，他被派去監督一項新的企業軟體系統在全球的發展情況[22]。他之前大多數時候都只是負責管理生產線，在ＩＴ方面完全沒有任何經驗。從之前負責損益營運（Profit-and-loss Operation）的經驗來看，他知道如果要其他同事為這個新系統承擔費用，然後耐心地等待幾年後（很多情況下，得在專案結束很久之後）才能獲得回報，很多人是不願意去這麼做的。所以之前的努力都失敗了，這個新的計畫在時間和預算方面，都展現了很大的企圖心。

克里斯的上司是公司的財務長，他給了克里斯一份名單，建議他和名單上的人選一起完成這項計畫。但克里斯完全不知道該如何帶領這個團隊，因為這項任務中所有的一切，他之前都從未接觸過。因此，他向公司內部其他部門的同事尋求幫助，一起評估上司所提供的建議人選是否可行。克里斯的顧問們利用他們自己的人際網路，去確認名單上這些他們並不認識的人選。事情的結果並非克里斯願意聽到的：名單上的人選並非該產業的佼佼者，而克里斯所需要的人應該是成功者。確信上司推薦的人都不合適後，克里斯開始自己挑選合適的人才。這個決定是日後克里斯成功的重要關鍵之一。當然，克里斯最後透過同一個人際網路，找到了適合這個專案的人才。

想要像克里斯的人際網路一樣，能如此靈活處理變化無常（他只有幾周的時間來確定人員名單）的事情，這需要你付出努力來讓它保持活力。不要等到你急需幫助的時候再去建立聯繫，而要抓住每一次能發展它的機會，不管你當下需不需要用到。

之前提到的金融服務經理潘，就經常提醒自己要隨時與人際關係網路中的重要人物保持聯繫。「我不斷努力來保持我人際關係的活力。」她說，「你常常會一整天都在做例行工作，一年之中也許找不到三次機會和朋友一起吃個午餐，而這其實是很重要的。如果你不去做，你的連結性就會降低；如果你沒有了連結性，這個關係就會中斷。我有時候會對我自己說，那麼，我應該要隔多長時間聯繫他們一次呢？後來我想，其中一部分人一年兩次就好，其他的人則盡可能每個月都要保持聯繫。我每三個月都會寫一封信給自己，問我自己，『最近我表現如何？』」

找到志同道合的人

改變自己的最快方法是與那些你想成為的人做朋友[23]。從肥胖症的研究中，我們可以看到，你周圍的夥伴會對你成為什麼樣的人產生影響。你們的行為和觀念會互相傳染：你很容易就會受到影響，這可能會讓你變得更好，當然也有可能更糟。如果你和優秀的領導者在一起，那麼你也有機會成為優秀的領導者。

比爾・威爾遜（Bill Wilson）創辦的匿名戒酒會（Alcoholics Anonymous, AA）就是以這個觀點為基礎建立的。他認為要成功戒酒，意志力遠不如夥伴間的相互督促效果來得更加明顯[24]。想要戒酒，就要堅持參加每天的小組聚會，聚會上，成功戒酒的前輩會分享他們的經驗來指導新成員。這些成員在一起的時間越多，成功戒酒的機率就越大。這是因為擺脫酒癮並不僅僅是要改變飲酒的習慣，同時還要克服對酒精的渴望。

對參照團體（Reference Groups：每個成員均有一致的意識形態，並把團體價值觀念作為自己的行動準則）所產生影響力的心理研究結果，支持了比爾的觀點[25]。研究中發現，想要回答「我最近過得怎麼樣？」或是「我是否偏離了軌道？」這一類的問題，我們都不可避免地要與他人進行比較，儘管我們並沒有意識到我們是在和別人比較。在與他人的比較中，才能知道我們是貧窮還是富有，是資質平平還是天資聰穎，是身體硬朗還是體弱多病。我們發現，人們對自己所得的反應與他們所在組織的成員，或是與組織中的關係的緊密程度相關。這種緊密關係是由一群想法一致的人聚在一起所形成的，就像青年總裁組織一樣。當然，這也存在一定的問題，也就是我們的比較一直在很大程度上脫離了實際標準。就像羅伯特一樣，他只將自己的履歷與那些已經被公司錄取的人的履歷進行比較。

參照團體是由一些志同道合的人所組成，在你處於迷茫期的時候（例如，當你想要成為一名優秀的領導者時），它對於你來說會更加重要。當我們需要做一些不是輕易就能完成的事（例如，需要與他人合作），我們就會捫心自問：「我是這種人嗎？」以及「我想成為這樣的人嗎？」想要成為一名優秀的領導者，就像想要戒酒一樣，需要一些新的參照標的。

新團體中的成員可能正和你有著類似的挑戰和疑惑。例如，迪爾特是一家公司新上任的總經理，正在經歷著轉變時期可能遇到的各種問題——不會分派任務給別人，還常常把自己的想法強加在他人身上，沒有耐心去解釋等。他清楚知道他的新角色應該有所轉變，不能再像以前一樣整天忙於各種日常瑣事。「雖說如此，」他說，「我還是很擔心別人把自己看成是一個整天不做正事的人。」誰會那樣看他呢？公司裡那些停滯不前、不求進步的人才會。之後，他參加了領導者培訓課程，在那裡，他與一群志同道合的人一起聊天，發現他的這種擔心是很正常的。同時，他的參照團體發生了改變，不再是之前的同事，而是一群和他有著相同目標的人。

或者，那些已經成功轉變了的人也能成為你轉變路上重要的路標。下面我以安德魯為例來解釋這個觀點。安德魯是一名分子生物學家，在一所主攻商業研究的大學裡工作。常常和他進行較量的學術界朋友們都很鄙視商業活動，但是安德魯卻對帶領團隊是否能將科學發現商業化的問題很感興趣。雖然安德魯的一個搭檔離開了學術界，但他還與之保持聯繫，並透過這個搭檔，他認識了一群和他同樣支持將科學發現商業化的科學家。相處了一段時間後，安德魯越來越融入這個新的圈子，在這個圈子裡比在自己學校的圈子裡更有歸屬感。之後，該圈子建立了一個新的中心，旨在學術界和商業界之間建立起合作關係，圈子裡的人讓安德魯擔任該中心的管理者，他欣然接受了。

與和你同坐一艘船或是已經達到彼岸的人保持日常聯繫，對於你的轉變是非常

重要的，因為他們能支持你的轉變，並為你樹立榜樣。由於你的地位越來越高，職責權力也越來越大，你很容易被學校裡的同學或是同事孤立。這樣一來，你就需要在工作和公司之外建立人際關係網路。

培養一個有聯繫性的頭腦

路易・巴斯德（Louis Pasteur）曾經說過：「機會永遠留給準備好的人。」有基於此，著有《創意源自何處：發明的自然史》（*Where Good Ideas Come From*）一書，並具有創新思維的歷史學家史蒂芬・詹森（Steven Johnson）說：「機會總是眷顧會與別人建立聯繫的人。」[26]透過研究像班傑明・富蘭克林（Benjamin Franklin）和查爾斯・達爾文（Charles Darwin）這些偉大發明家的創造過程，史蒂芬發現，每一位偉大思想家的背後，都有一個多元化、相互聯繫，以及動態的人際關係網路。「這並不是一群人的智慧，」他說，「而是一群人中某一個人的智慧。這並不是說，他的人際關係網路是強大的，而是說，由於他加入了這個人際關係網路，他才變得聰明。」

正如我們之前所見，在那些領導者還沒意識到新工作中重要的一環，就是要建立起一個良好的人際關係網路之前，他們不會把時間和精力投資在短期內無法獲得回報的建立人際網路上。但是要意識到，人際關係網路是領導者轉變外在表現力重要來源的唯一方法，並試著去做，然後才能發現它將帶來的好處。想要快速開始這一步，請見第一百七十七頁「開始行動：建立一個良好的人際關係網路」。

現在，你就可以開始行動，去建立一個和之前不一樣的人際關係網路：把你的人際關係圈延伸至你的團隊或是部門外，甚至也可以是你所從事的產業外，發展一些新的專長；瞭解要升遷到更高的職位所要遵循的辦公室政治；想辦法認識比你高兩級且在不同部門或領域的人，即使內心覺得這是一種為了向上爬的虛偽手段；花時間和精力去做一些真正重要的事，這樣一來，你就有藉口不把時間花費在與只比你高一級或是職位比你低的人建立聯繫；努力去提升你的形象和影響力；在公司外建立聯繫，然後利用在外面所學和公司內部不同的人建立聯繫，進一步增加營運業務之外的價值。我們要明白，對於那些能掌控你命運的人來說，什麼是重要的，可能和你要做的事不一樣。弄清楚你的市場價值是什麼；找到一些志同道合的人。下面「擴展人際關係網路的一些實用方法」，為如何建立一個新的人際關係網路提供了各種不同的方法。

擴展人際關係網路的一些實用方法

- 多花點時間在企業或部門的草創初期，思考一下為什麼很少有舊有領航者在新的產品或服務上處得領先地位的情形？
- 參加你從未參加過的會議，認識至少三個新的人，之後也持續保持聯繫。
- 創建一個LinkedIn或Facebook群組，擔任這群人的聯繫者。
- 與公司的年輕人共度一天，詳細瞭解他或她如何使用社交媒體。
- 與創投投資人交流，瞭解他或她對領導力和創新的看法。
- 在大學或當地學院開課，向你的學生們學習。
- 在當地或國際活動中擔任演講者，利用它建立你的專業感或強化你的個人品牌。

- 和競業同行共進午餐，以此詳細瞭解你的市場價值。
- 開設一個部落格，找出是誰在閱讀它。

開始行動：建立一個良好的人際關係網路

- ❑ 接下來的三天，與部門或公司以外的三個人進行交談；瞭解他們做了些什麼事，這些事如何幫助公司，以及這些事如何運用在你的工作上。
- ❑ 之後的三周中，與公司外部可能對你的工作、產業或職涯有益的人，重新建立聯繫。來場午餐約會吧。
- ❑ 列出一份認識後對你有益的五人名單。然後找出在未來三個月內，增進彼此關係的方法。

精華摘要

- 當你正處於領導者轉變的過程中，在組織或團隊外部建立並維持人際關係網路是非常重要的，它決定了你是誰以及你會成為誰。
- 要深刻瞭解建立人際關係網路，對於成為一個優秀的領導者是非常重要的。而建立人際關係網路的唯一辦法就是開始行動。
- 如果你只是等著讓關係自然而然建立起來，那麼你就是「自戀」和「懶惰」的。
- 營運關係、個人關係和戰略關係這三種關係都是你所需要的，三管齊下，才能提升你的領導力。儘管很多管理者都有著良好的營運關係，但是他們的個人關係和工作是沒有任何關係的，也無法好好利用戰略關係，甚至不存在戰略關係。
- 人際關係網路的優勢包含BCDs：廣泛性，連結性，動態性。
- 在目前人際關係網路的邊緣加強或建立戰略關係，以此作為增加你外在表現力的第一步：
  - 在外部領域發現新的專長。
  - 從不同職能或支持團體中與你同級的人那裡獲取一些新的觀點。

第4章

試著朝不同方向發展自己

在我二十五年的執教生涯中，我發現有一件事一直沒有改變：人們一直有著強烈地想要做真實的自己的願望，對於做那些讓他們覺得虛假的事也有著同樣強烈的厭惡。這些行為背後最重要的刺激因素之一，是人們認為這是內心深處真實自我的基本表現。而正是這樣的想法，讓我們在領導者轉變道路上遇到了阻礙。即使是最基本的一項領導技能——傾聽，有一些不擅長該技能的人就會說，當壓力層層逼近時，他們不願意鍛練這項能力，因為如果非得逼自己去做某一件事，他們會覺得背叛了真實的自己[1]。

真實性（Authenticity）是一個永無止境的話題。很多書都在探討在工作中如何做真實的自己，也有很多課程教你如何做一個真實的領導者[2]。毫無疑問，我們大多數人都沒有辦法做真實的自己。

原因之一，就是我們常常進行過多的頻繁轉變。在我們努力提升自我的時候，真實感就像是一個羅盤，指引我們前進的方向，它幫助我們進行選擇，朝著目標努力[3]。但是當我們想要試著轉變自己時，真實感就像一個錨，很容易會阻礙我們前進。

透過重新認識自己，來增強你的外在表現力

● 圖4-1

本章將告訴你，我們是如何誤解真實性，以及當我們要轉變到一個新的、不熟悉的角色時，會如何高估真實性的重要性。因為當你做一些並非自然而然去做的事時，會很容易讓你覺得自己是個騙子，然後就以「要遵從真實的自己」為藉口來待在自己的舒適圈。有趣的是，想要重新塑造真實的自己的方法是：在你的舒適圈之外去行動（如圖4-1）。本章會告訴你該如何去做。

過於暴露真實的自己

我在哈佛大學MBA開的第一堂課

完全是個災難，讓我的心情變得無比沮喪。那時候我很年輕，沒有任何教學經驗。儘管我知道該如何進行演講，但是我不知道該如何去組織一場互動度高的討論，討論最後還需要歸納出一系列學生們能接受的實用具體知識。那堂課的評價很低，因此我很快就喪失信心，認為自己是不可靠的，沒有辦法在課堂裡建立威信。

很多老教授試著幫助我，好心地給了我很多建議，但是多數建議都沒有太大用處，差不多都是同一個說法：「你應該要在課堂上做真實的自己。」但是問題在於，我在課堂上過於暴露了真實的自己：過於學術、過於緊張、過於無趣，以及與學生們的互動太少。之後，我花了很多時間去聽有經驗的老教授講課，但是他們在課上所說的東西都偏個性化：他們自身的逸聞趣事，自己生活中所獲的經驗、所鬧的笑話，甚至是他們走路和說話的方式都可以活絡課堂氣氛，把課堂變成一個劇院。我不知道我能從他們身上學到什麼，他們上課的方式看起來不是那麼嚴肅——我不確定我是否想用同樣的教學方式上課。

有一天，一位很有名的教授來聽我的課，並給了讓我永生難忘的意見。讓我們先在腦海中想像一下我們上課的教室是什麼樣的——像一個羅馬劇場，一個巨大的半圓形階梯教室，最下面擺放著一張講桌。

像我這樣缺乏自信的老師，就會駝著背，坐在講師座位上，只顧看自己的筆記，不會和學生進行互動。而那些經驗豐富的老師，會不停地在教室中走動，教室裡每個地方都走遍了，也能接觸到每一個學生。

有位很有名的教授給了我以下非常具體的意見：

你的問題是，你認為上課就只要把每節課的知識告訴學生們就行了，但並不是這樣的，我們的目的是要在課堂上建立威信。你在教室裡不停地走動，唯一的目的就是：讓在座的每一位學生知道，這裡是你的地盤，而不是他們能恣意妄為的地方。而且你也只能透過到處走動來建立起你的威信，因為學生們占據了你地盤的每一個角落。你要像一條狗一樣，不斷在自己的領地裡活動來告訴別人這是你的地盤，每一個角落都不要漏掉。從教室的最上方開始，他們以為在那裡你就看不到他們了。看看有誰在看《華爾街日報》（*The Wall Street Journal*），有誰認真聽課做筆記，有誰的書上還是空白的。如果有做筆記的，看看他們所做的筆記是否與課堂內容有關。和他們來個零距離接觸，在他們耳邊悄悄講話，手搭在他們肩上，拍拍他們的背，告訴他們即使他們坐在教室最中間的位置，你也可以看到他們的表現——你可以擠進去。如果他們帶了東西，你要是餓了，也可以上去吃一口，那個時候他們就會知道這裡是你的地盤，而不是他們的。只有在達成這個目的以後，才可以開始向他們講述課程內容。

這個建議有些嚇到我，我更喜歡用我的方式來上課，儘管效果不好——我會花時間一遍又一遍地備課，確保要上的內容我知道得一清二楚，這樣就不會出現我答不出來的問題。但是，情況越來越糟，所以我不得不考慮嘗試他的方法。

最開始的幾次，結果有好有壞。作為一個很嚴肅的研究者，這種教學方法與我的價值觀不符，我表現得很不自然，讓我覺得不舒服。大部分學生都不喜歡我和他們太過親密，但還是在一定程度上取得了他們的關注。一段時間以後，效果越來越好，這種授課方式讓課堂變得越來越有趣。這樣的課堂氛圍讓我變得放鬆，也越來越瞭解我的學生們——瞭解他們的世界觀以及他們想要學到什麼。

我的教學目標從完成教學內容，變成了一場富有感染力的教學體驗。我也發現，那些一開始被我看作是很蠢的戲劇化教學方式，其實是提高課堂效率的一種必要方法。看到其他同事用有趣的方法來讓課堂氣氛變得更活躍，學生的積極程度也更高，我從中學到了很多，也更願意去嘗試這種教學方式，我不再擔心這樣做會讓我看起來很蠢。經過幾次上課後，我也越來越熟練，學生們對我的課堂評價也越來越高，我的思考方式也隨之發生了改變。

「隨機應變者」與「堅持真實者」

真實性與自我保護之間的界線應該在哪裡呢？我曾對一群專業人士進行過研究調查，他們的工作原本是負責分析研究及專案工作，之後轉變成向客戶提供諮詢建議並推銷新的業務。這樣的轉變是典型的「自己動手做」的轉變。在許多案例中，投資銀行家和顧問們在轉換到新角色之前，就已經獲得了一個新的頭銜；而在另一些情況下，在原本的工作還沒有太大變化的基礎上，他們的職位就獲得了提升，同

時還留下大量的客戶讓他們負責（當然，他們也能獲得很多報酬）。

在這個過程中，我偶然發現一個人們在進行工作轉變時出現的有趣對比現象，即在轉變過程中，他們如何理解真實性問題，和關於通往真實捷徑但覺得違背真我的直覺發現。

我所研究的大多數人都覺得自己無法勝任新的職位，同時覺得在該職位上沒有安全感，別人給他們的建議也都沒有太大用處。其他人總是告訴他們應該要更有衝勁，表現得更自信，或是加強自己的存在感。一個投資銀行家告訴我，在他擔任副總裁的第一年快要結束時，得到的回饋是：專業技能很好，但需要不斷創新，抓住機會，在客戶會議上要更有表現力。但是他認為客戶真正想要的是一個有經驗的合作夥伴，而不是成為那些想要獲得更多存在感的人的助手。

被調查的對象中，一組人在轉變過程中嘗試做真實的自己，更傾向去做自己所熟悉並讓自己覺得舒服的事，我將他們稱為「堅持真實者」；而另一組人則嘗試做一些不同的事，就像我嘗試改變我的教學方式一樣，我將他們稱為「隨機應變者」

或「變色龍」。

有一些人要比別人更擅長這樣的角色轉換，轉換得更加自然。心理學家馬克・史奈德（Mark Snyder）將這些「隨機應變者」（或是「變形者」（Shape-shifters））——美國前總統歐巴馬在自傳中對自己的描述）定義為那些願意並且能很自然地適應環境需求的人，他們並不會產生一種覺得自己很虛假的內疚感[4]。「隨機應變者」有一個核心的自我價值觀和目標，他們並不會擔心改變自己會對自己的信仰造成影響（見下頁「歐巴馬是隨機應變者」）。

「堅持真實者」則與之相反，他們認為如果要根據環境而改變自己，會讓他們遠離了自己最自然的風格，這是對他們真實性的一種威脅。他們的自我定義包含的東西太多，不僅包括內心深處的價值觀，還包括他們的領導、演講、穿著以及行事風格。第一百八十九頁的自我評估「你是一個『隨機應變者』還是『堅持真實者』（或是介於兩者之間？）」列舉了一些馬克用來進行自我評估的問題，幫助你瞭解要到什麼樣的程度，才可以被稱為一個「隨機應變者」。

歐巴馬是隨機應變者

在歐巴馬當選美國總統前的一本傳記中，大衛・雷姆尼克（David Remnick）稱他為「變形者」，「因為歐巴馬可以在保持真誠的情況下改變風格，」亞歷克・麥克吉利斯（Alec MacGillis）回顧了雷姆尼克的書說道。他解釋了歐巴馬在這方面的頂尖能力：「這是一條極需敏捷性的道路——這比歐巴馬的批評者認為他如變色龍般的權宜斟酌還要更難。」

另一位評論員蓋瑞・威爾斯（Gary Willis）歸納了雷姆尼克對歐巴馬易變性的解釋：「當他被指控不夠黑時，他表明了他比大多數非裔美國人與非洲有更直接的關係；他被懷疑不夠美國，他述說了他母親來自中西部和他的口音；在伊利諾州南部的保守小鎮訪視時，他會說起養育他成長的祖父母的堪薩斯語言。他是有點像變色龍或變形者，但他並不覺得不真誠——這就是造成他以「酷」風格成名的重要因子。他不是野心勃勃的騙子，雖然他自己的成長背景的確不尋常。他有能力化身在別人的故事敘述中，甚至在那些看似與他八竿子打不著的地方。

歐巴馬努力培養他廣泛的述事方式，雷姆尼克說：「他會依據聽眾巧妙地改變口音和說話節奏：在芝加哥市中心商務午餐會上，他說話會直接簡單又明瞭；在伊利諾州南部的V.F.W.（退伍軍人組織）則是親切庶民風格；在黑人教堂的牧師講道時，他也化身其中之一。歐巴馬是個多語者、一個變形者……就像移民的孩子，他們可以在家裡講一種語言，在學校說另一種語言，與他的朋友又是另一種——但他仍然是他自己。歐巴馬精心安排他的演說，以適應任何時刻場合，這是一種需要多年養成的技能。

自我評估：你是一個「隨機應變者」還是「堅持真實者」（或是介於兩者之間？）

以下是心理學家馬克・史奈德的「自我監控」量表中的一些例子：

1. 我覺得很難模仿別人的行為。
2. 我的行為通常會表現出內心的真實情感、態度和信念。

3. 在派對和社交聚會上，我不會試圖做或說別人喜歡的事情。
4. 我只能為我自己相信的想法進行爭論。
5. 我可以即興演講，即使我幾乎沒有任何關於該話題的訊息。
6. 我猜我能夠透過一個表演來打動或娛樂人們。
7. 當我不確定該如何在當下氛圍中行動時，我會透過別人的行為來找尋線索。

在第五、六與第七題回答「是」的人，比較像是「隨機應變者」；在一至四題回答「是」的人，就是典型的「堅持真實者」。

「隨機應變者」在事業發展初期常常會有很大的進步，因為他們靈活的處事方式讓別人覺得他們像領導者[5]。下面「典型的『隨機應變者』」，向我們闡述了所羅門兄弟公司（**Salomon Brothers**，華爾街著名投資銀行）的麥克・路易士（**Michael Lewis**）的故事。透過我自己的研究，我發現「隨機應變者」和「堅持真實者」處理事情時會得到截然不同的結果——別人怎麼看你，你得到多少建議，以及你對工

作和自己的認識程度等面向都很不同。

典型的「隨機應變者」

麥可・路易士在他的暢銷書《老千騙局》（*Liar's Poker*）中，描述了他從普林斯頓大學和倫敦政經學院畢業後，是如何成為所羅門兄弟公司（Salomon Brothers）非常成功的債券業務員，所羅門兄弟是當時華爾街最重要的投資公司之一。如他所說，他的變色龍個性正是他職業生涯中的一大優勢：

只是思考，到目前為止，仍是一個無法達成的壯舉。我沒有基礎、沒有人脈，我唯一的希望是透過觀察周遭的業務員，來蒐集成功法則。

我有能力模仿，它讓我進入另一個人的大腦。為了學習如何對金錢有更聰明認識與見解，我研究了兩位我認識最好的所羅門業務員……我的培訓課程就是吸收和整合他們的做事態度和技能。

我的工作內容是學習思考，以及讓客戶認為我像是棵搖錢樹。亞歷山大就是如此思考，而且聽起來像是真正有才華的人，但我不是。於是，我聽亞歷山大向客戶說了什麼話，然後再重複一遍，就像學功夫一樣。這也讓我想起了學習外語的情況，起初，這一切似乎很怪，然後有一天，卻發現你能用這門外語思考；接著，在突然間，你可以支配你本來不會的語言，最後你用這個外語做夢了。

亞歷山大每天都會打電話向客戶解釋新的東西，經過幾個月的掙扎，我終於開始跟上他……我會打電話給三、四個投資者，只是鸚鵡學舌地重覆亞歷山大說過的話。如此，投資者會認為我如果不是天才，那麼至少也是聰明人……不久後，除了我，這些投資者不會再找別人了。

和路易士的方法一樣，很多來找我學習如何成為一個「隨機應變者」的管理者們的努力都獲得了回報，他們成功獲得了管理高層的關注，管理高層看到新上任的管理者正在為自己的新角色所付出的努力，進而讓他們對這些新人的指導變得更加容易。他們會和新人分享自己的過往經驗——一位管理高層把這種訓練方式稱作「揭開神祕的面紗」（Unveiling the Mysteries）。這些管理高層會分享新人們一些隱性知識，關於產生不同結果中的細微差別：例如，如何組織一場會議，如何和客戶建立一個平等的關係，如何判斷政策形勢，如何評估一個有爭議的市場定位等[6]。除此之外，還會分享一些更重要的事：如何成功地成為一個值得信賴的顧問。他們的支援和所提供的觀點，同樣會幫助這些「隨機應變者」塑造一個更加清晰的自我形象：他們想要做什麼以及想要成為什麼樣的人。要知道，要從和你風格截然不同的人那裡學到這些東西是很難的，所以公司中的管理高層能給你提供更為合適的指導。

「隨機應變者」還會從自己的情緒反應中學到很多東西。這時他們會證實之前的自我懷疑是有道理的，但另一方面，他們會對自己在情緒反應中所學到的東西感到驚訝。當他們的外在表現力卡在某一個水準時（因為他們利用直接經驗而非自省判斷來行事），例如，一個顧問告訴我說，他意識到他嘗試要做的那個「有趣的自己」可能永遠不會成為真正的自己。他說：「我沒有辦法做到，用詼諧幽默的方式來取悅客戶。這是我的缺點嗎？我想我需要提升這方面的能力，但我發現這沒有辦法成為我最強的能力。我對於現在的自己很有信心，我相信自己現在的舉止也能得到好的效果。」另一位「隨機應變者」告訴我當他太過偏離真實的自己時，他覺得非常沮喪，但之後他能從中學到很多。他說：「對於更加努力意味著什麼，我曾經有一個很幼稚的想法。我不會去研究客戶們的想法，也不在乎他們的反應。我發現我應該堅持自己慣用的方式，只要稍稍改變一些就好。我的自我認識在不斷變化中。有時候很痛苦，也會擔心很多，但我還是能從中學到很多東西。」

與此相反，「堅持真實者」遵循著舊的方式和風格，因此停滯不前。他們透過展示自己高超的技能來證明自己的能力，這裡引用以下他們所相信的觀點：「注重實質結果，而不是形式。」一般情況下，他們把上級的成功歸納為：「光說不做，沒實際能力」。那些技能高超的專業人士所追求的，看上去往往沒有太大的吸引力。他們認為，相較於那些「隨機應變者」善於變換自己的能力，高超的技能是更為真實的，並以此為豪。但是，客戶需要的並不僅僅是一些精密的分析或是所謂的「正確答案」，他們需要的是一段良好的關係，這段關係能對他們的業務提供幫助。一段時間以後，「堅持真實者」的上司們發現：他們就是沒有辦法理解成功的祕訣，所以導師就不再花時間來幫助他們，因此，這些「堅持真實者」的學習進展就會變得很慢。

在很多工作中，憑藉著自己精湛的技能，「堅持真實者」獲得了成果。儘管如此，在他們想要成為一名優秀的領導者過程中，還是會遭遇很多挫折。對於一名優秀的領導者來說，他們的悟性和他們目前的知識一樣重要，成功需要的是把要擔任的新角色內在化。有些諷刺的是，「堅持真實者」嘗試保持真實性，卻削弱了他們夢想成為的那種領導者的能力。相反地，「隨機應變者」會假裝自己是一個優秀領導者，最後真的成為了這樣的人。這些人反而能更快達到自己的目標，最終成為一個真實的、不一樣的、能力更強的自己。他們用一種新的方法來行事，最終成就了一個新的、真實的自己。

「堅持真實者」的方法最大的問題在於，他們是基於過去來定義真實性，因此他們認為改變就意味失去真實性。一位顧問是這樣說的：「就我個人經歷而言，要從『我是一個什麼都知道的人』轉變成為顧客提供意見的過程，是非常艱難的。如果我沒有辦法比別人瞭解更多，沒辦法看到整個分析過程，沒辦法瞭解所有的觀點，那就好像我之前賴以生存的基礎都沒了。」

這位顧問所說的，闡釋了哥倫比亞大學心理學教授托瑞・希金斯（Tory Higgins）所說的「阻礙」（Prevention）——與「促進」（Promotion）是處於對立面[7]。當你在「促進模式」時，你會不停地追求目標，注重你能從自己的努力中獲取多少。而在「阻礙模式」時，你會試圖避開那些可能對目前的你造成威脅的事，將焦點放在你可能會失去什麼。正如本章所看到的，成為一個優秀的領導者需要處在一個「促進模式」，但是在轉變過程中遇到的很多問題都會觸發「阻礙模式」。

在我研究的調查對象中，儘管大多數「堅持真實者」都把自己局限在要做真實的自我中，但是他們並沒有完全地做到真實的自我：害怕自己做錯時，他們就會選擇退縮。一位顧問向我說道：「我的做事風格是有創造性、善於辯論、要求很高。但是和客戶在一起的時候，我會更加謹慎。我會少開玩笑，也很少進行沒有依據的推測。」就像我之前一樣，我堅持要把每堂課都準備好，因為我害怕如果真的和學生相處時，可能會發生什麼意外之事。比起「隨機應變者」努力在主管面前留下印象的表現，這位顧問在客戶面前所展現出猶豫不決的態度，也並非真實的自己。

怎樣才算「忠於自我」

在探討真實性的問題之前，我們先來好好分析一下，真實性的定義到底是什麼。最經典的解釋是「忠於自我」（Being True to Oneself），這個解釋非常簡單，但是我們卻可以根據這點提出一個非常重要的問題：是忠實於哪一個自己？每個人都有多面向，都有很多個「自己」。就像威廉・詹姆斯（William James）所說的「每個人在不同的事情面前，都會展現出不同的自己」[8]。就像人們在出席不同的場合時，會佩戴不同的帽子：帽子會變，但不變的是你一直戴著帽子的形象，所以這一點是真實的。但是當你要轉變到不熟悉的角色時，哪一個才是真實的自己呢？大多數人會有不同的帽子，當一頂你最喜歡的、戴起來最舒服的帽子變舊了，你需要戴上另一頂風格和顏色都與之前不同的帽子時，是一件非常困難的事。一位之前我提到的顧問告訴我：「在公司的同事面前，我是一個詼諧幽默、熱愛啤酒、喜歡聚會、喜歡爭辯、固執地按照自己的方法做事、性格極端且是無政府主義的一個人。但在客戶面前，我是一個嚴格謹慎，會精心安排計畫的人。在這兩者之間的連續區間內，我應該處在哪個位置？」

忠於自我的第二個問題是一個存在已久的分歧：現在的你是誰，以及你想要成為誰之間的分歧。哪一個才是真正的你：昨天的你，現在的你，還是明天的你？史丹佛心理學教授哈澤爾·馬庫斯（Hazel Markus）關於職業的研究顯示，人們對自己的身分意識不僅僅基於過去和現在的自己，還同樣基於對未來自己的期許。潛在的自己對於目前的你來說是非常重要的，因為那個潛在的自己會引導現在的你的行為，進一步讓你漸漸地朝著理想的自己而努力[9]。

真實性的另一個定義是「真誠」（Sincerity），或者是你所說所做和所想之間的一致性。有趣的是，「真誠」（Sincere）的字面意思是沒有打蠟之物（without wax），拉丁語中英文sincere的詞根可拆為兩部分：sine（without）和cera（wax）[10]。如果圓柱和塑像沒有打蠟的話，會看起來更真實，它們的美就只基於物體本身，而不是華麗的外表。再往深一點想，這個真實性的定義並不能提出更為深刻的東西。是的，我們都希望領導者能夠承認自己的缺點，但是這並不意味著他們需要把心中所想到的所有懷疑或想法都說出來。所以，當你嘗試轉變到一個新的角色，心中充滿了不安和迷茫時，如果在這種情況下，還將真實性定義成所說所做和所想之間的一致性，會讓你的轉變異常困難。作為一個新人，你可能會嘗試扮演你所想的那個角色，但是最開始的時候，你並沒有辦法做好，或是覺得這就是真實的自己。就像當你開始學習一門外語或是學習烹飪時，你會按照所知道的規則或食譜去做，而不會偏離常軌或是即興創作，但這還是會讓你覺得不夠自然。

真實性第三個常見的定義是「忠於自己的價值觀和目標」[11]。當管理者們所追求的目標和自己的價值觀相符時，他們感覺自己——或是他人覺得他們——非常真實[12]。這種定義給了你更多的自由空間，以這種方式定義真實性的人，在心裡不會覺得使用一些和以往不同的策略，或在不同的情況下採用不同的表現方式，會有什麼不妥。他們不會把自己看成騙子，反而會覺得自己適應能力強，靈活度高[13]。

下面來看一組穩定的性格特徵：內向和外向。外向的人是群居性動物，他們喜歡和人交往。他們的能量來自於與人相處。而內向者喜歡安靜，他們喜歡獨處，如果與人相處，精力很快就會被消耗殆盡。但是研究顯示，如果一個內向者的內心十分想要達到某個目標，那麼他是有可能變得像一個外向者一樣的[14]。這也就是為什麼內向害羞的羅伯特為了成為一名生產線經理，能表現得像一個老練的人際關係網路高手。當我們不知道願望最終會是什麼樣子時，事情就會變得很麻煩。轉變過程中，我們必須要先摒棄過去的自己，之後才會清楚地知道自己想要成為什麼樣的人（第五章會進一步討論這個話題）。正如之前所見，工作價值觀和我們之前所扮演的角色和經歷息息相關，所以在進行改變的初期，我們會覺得很虛假，和我所調查對象所遇到的問題一樣。

第四個有關真實性的問題是，我們不能完全控制我們的身分[15]。身為社會中的一分子，我們的身分不僅僅取決於自我認知，還取決於別人如何看待我們，取決於他們會把我們歸入哪一個分類，例如領導者。我們不必受世俗眼光的拘束，太在意別人的評價，但是當我們的努力獲得成效之後，身邊的人會肯定、鼓勵和支持我們。如果沒有他們的支持，我們很難一直把自己當成一個領導者。如果沒有集體的共識（名聲的來源），我們很難獲得下一項工作、專案或是任務，那麼我們的領導能力也就沒有辦法繼續提升。這裡的問題是，我們看上去還不像那種人，準確地說，因為我們處於正在轉變的過程中。所以就像哈佛商學院教授艾美・卡迪（Amy Cuddy）說的，我們需要找到一個辦法來「裝作是這樣的人，最終就能成為這樣的

不同的真實性定義，如何阻礙我們成為優秀的領導者

真實性的定義	所遇到的問題
忠於自我	當我們扮演不同的角色時，就會用不一樣的方式來行事和思考；當我們要扮演一個新角色時，我們不知道該如何去行事和思考。
展現「你是誰」的行為；行為的真誠和透明度，以及讓行動自然不做作的能力	如果我們把自己心中所想的事全都說出來，那麼將會失去信用，特別是一些未經證實的事。
正直行事；忠於自己的價值觀和目標，不必接受社會強加的價值觀	人們沒有必要和我有一樣的價值觀，我們目前的價值觀取決於過去的經歷。
忠於一種已成形的分類，例如看起來或發言像個領導者	如果我們看起來不像這類人，身邊的人也就不會認為我們是這種人，但是假裝我們是這種人，又會讓自己覺得很虛假。

● 表4-1

人」[16]。

無論我們採用這四種定義中的哪一種，真實性都有可能會成為我們前進道路上的阻礙（如表4-1）。接下來會提到，前進的道路上需要我們在舒適圈之外發展自己。此外，在不確定我們是否有資格能做好，或是想要得到好的評價，又或是我們想要忠於過去的自己——即使轉變是值得的情況下，我們都會感覺到自己受到了威脅，進而會引起一些強烈的自我保護欲[17]。

你容易陷入「真實性」陷阱嗎？

我們能學到東西的場景，恰恰也正是我們自我認知面臨挑戰的時候。這就是為什麼在成為領導者的道路上，很多人會覺得自己面臨著失敗，或是覺得自己虛偽的兩難困境。

透過研究，我發現在以下三種情況下，人們更容易陷入「真實性」陷阱：

第一種情況是，在轉變到一個新角色時，一些人很難與他們的團隊保持一個合適的距離，要不就是太近，要不就是太遠，於是把自己的想法都藏在心裡。

第二種情況是，另一些人認為他們不需要銷售自己的觀點，或是不需要刻意地去鼓勵其他人。他們不會花費心力去和別人建立關係，因為他們認為那是在「利用別人」。

第三種情況是，一些人透過他們真實自我的「濾鏡」篩掉一些不好的回饋。他們說服自己，這些其實沒有效果的「自然的領導風格」，才是提高自己效率的重要因素。

在這些情況下，我們會比平時更容易陷入自己的行為準則，和周圍環境對領導者的行為準則之間的盲點。而正是在這些情況下，我們才能夠提升自己的外在表現力，所以它們其實是非常重要的。下面「領導者道路上面臨的挑戰，會讓你覺得自己很虛偽」，列舉了一些常常會讓我們陷入「真實性」陷阱的情況。

領導者道路上面臨的挑戰，會讓你覺得自己很虛偽

- 承擔責任
- 推銷你的想法（以及你自己）
- 整合負面的反饋評價

在你不熟悉的文化領域中，可能會加劇上述這些領導挑戰。

與下屬太過親密

辛西亞是一家醫療機構的總經理，當她高升至一個新的職位時，她告訴下屬：「我想做好這份工作，但我有些擔心我是否能做好，所以我需要你們的協助。」[18]她之前負責超音波影像部門，手下人數不多，她和他們的關係也很好。她認為團體合作的領導模式很重要，因此之前部門的大小事務，從產品研發到業務銷售和宣傳，都是由她來決定的。

現在的工作，下屬數量是之前的十倍，業務內容也大幅擴大。「當我知道要負責一個這麼重要的職位時，我非常吃驚。」她說，「我並沒有做好準備，所以我的反應是『認真傾聽下屬們的想法』。」頭幾個月她一邊學習各種新的東西，一邊還維持著一個大小事都要負責的老闆形象。由於她在各個細節上都會自己動手做，她的下屬也非常樂意把這些責任都放在她身上。

「那個時候我好累，」她說，「我必須一直維持一個容易相處的老闆形象，我以為以前的領導方式在這裡同樣適用。但是我錯了，我沒有辦法直接影響到這麼多人。」回想前幾年的轉變過程，辛西亞總結說：「忠於自我並不意味著你需要舉著燈，把自己內心照得透亮，讓人們一眼就能看穿你。你沒有必要把心裡所想的每一個想法和感受都和別人說。」

尤其是當我們接下了一個下屬更多、職責範圍更大的職位時，太過親密的個人關係和把心中所想都告訴下屬的領導方式就不再適用了。用適當的方法與下屬交流以及分派任務給他們，還只是問題的一部分。更重要的問題是，尋找到與下屬相處最合適的那個點，不要太疏遠，也不要太親密[19]。對於辛西亞來說，這個問題反映出了一個嚴重的「真實性」問題，最後她還是找到了解決方法：「後來我意識到，作為一個領導者，你需要一些神祕感，有時候你可以非常親切，但有時候也要有個CEO的樣子。你的下屬們希望你能融入他們，但他們也不希望他們的主管只是他們當中的一員。」

史丹佛大學心理學教授黛博拉・格林菲爾德（Deborah Gruenfeld）把這個問題形容為找到權威和親和之間的平衡點[20]。當你想要展示自己權威的一面時，你就要展現出比下屬更強的技能和更豐富的經驗，同時和他們保持一定的距離感；當你想要展示自己平易近人的一面時，你就要和下屬打好關係，懂得為別人著想，顯示出你溫暖的一面。領導者的轉變過程，就是考驗你能否找到一個合適的平衡點。一開始，辛西亞和下屬的關係太過親密，肩負的責任太多，讓她變得很累。很多人都很容易和下屬走得太近，因為他們都像辛西亞一樣，在指使別人做事時，會覺得這是在利用他們的權力。而另外一些人會和下屬的關係太過疏遠，把內心最深處的自己藏在一個嚴肅的領導形象下。

玩弄「爬蟲腦」

很多人找不到鼓動別人入夥和控制他們做不想做的事之間的平衡點。如果你覺得自己是在控制別人，那表示你遇到了「真實性」危機。

安娜是一家運輸公司的高級經理，她在營運方面取得了不錯的成績，業績證明了她的成功。她為公司帶來了比之前多一倍的利潤收入，為公司指明了一個新的戰略方向，對公司的發展與結構核心進行了重新規畫。但是她的上司覺得她的領導能力並不是很強，她也知道自己和總公司董事會成員間的溝通並不是很好。

董事會主席是一個只關注大局的人，他覺得安娜太過注重細節，所以不太和她討論。他們的做事風格很不相同，主席對安娜的評價是「加油，做一些有遠見的事」。安娜認為，如果只是注重形式而不是注重實質的東西，會讓她覺得很虛假。「我想知道當人們說『他不是一個成功的管理者，但卻是一個優秀的領導者』時，他們想表達的是什麼。這樣的人在領導什麼呢？你必須要做一些實質的努力才能讓你成為一個領導者。如今，我們都陷入被人催眠的危機中，玩弄著我們的爬蟲腦（**Reptilian Brains**：爬蟲腦在大腦最底部，主要的功能是維持生存，像是心跳、呼吸、逃生等本能反射活動）。對我來說，這是在操縱別人。我也有令人心酸的經歷可以說給大家聽，但我不想用這些故事來煽動別人。這類太過明顯的欺騙行為，我是做不到的。」

安娜是一個典型的「堅持真實者」，她認為事先設計好的行為是沒有必要的，或者只是一種宣傳自己的炫耀手段，她認為應該要讓事實為自己代言。她認為花時間去寫一段感人肺腑的報告或是宣傳，會讓她覺得虛假，所以她沒有辦法逼自己做這樣的事。但是，她是真實的嗎？還是她只是把這些當藉口，好讓自己待在舒適

圈？

很多領導者對這種利用各種修辭和情感策略來影響及鼓舞別人的方法，也都和安娜持有相同的態度。在某種程度上，這樣想的原因是我們認為自己是理性的、用事實來說話的生意人。但是正如第二章所說的，真正讓人信服的不是那些事實數據，而是我們是誰。奧美廣告（Ogilvy & Mather）前任CEO夏綠蒂・比爾斯（Charlotte Beers）在她的作品《我寧願負責》（*I'd Rather Be in Charge*）中談到了這一點，並提出了一些詳細的解釋[21]。「作為一個有進取心的領導者，」她說，「你需要明白『你不是工作』。」在一場關於這本書的演講中，她說道：「你必須要學會走到工作前面，你是解釋、分析並分配工作的那個人。如果你不是工作，那你是什麼呢？你是讓工作被認可的燃料、能量和系統。這是你獨一無二的分配系統，由你是誰、你的信仰、你的感覺和你的想法所組成。」[22]

當你只瞭解到讓你感到不舒服的表面原因，你就會覺得利用權力和打感情牌是一件噁心的事。如果說辛西亞在運用感情影響別人上遇到了問題，那麼安娜就是在運用權力上遇到了問題。像她們這樣的人，面臨的最大問題之一是：「我該如何吩咐別人去做事？」這個古老的問題，有太多研究如何影響別人的各式策略和建議的書籍[23]。多年以來，人們並沒有找到更好的解決方法，因為他們覺得利用權力和打感情牌會讓人覺得很不舒服。但事實上，領導別人和利用權力之間唯一的不同是，領導別人是一種為了達到一個共同目標而相互影響的行為[24]。

作為領導者，如果你能明白，為下屬分派任務是為了完成更高層次的組織任務，那麼你就再也不會認為這是虛假或是在操縱別人了。當你是為了更高的目標工作時，你就再也不會覺得這是為了你自己、或是你的自我意識、你的事業而工作了。分派任務給別人，只是為了完成共同的目標。

對於一些人來說，要推銷他們的想法是一件很困難的事；對於他們來說，要向高階管理者推銷自己更是難上加難。即使你說服自己，這是為了共同利益，但當你試圖認識對你事業有幫助的人時，你還是會覺得自己很自私。但實際上，你知道如果不這樣做，你的好想法和優秀的領導潛能就不會被發現。我採訪過的一位管理者曾經這樣形容，他是如何勉為其難地推銷自己的想法：「我個人覺得專業能力比較重要，但是我漸漸發現，建立人際關係在這個組織中更為重要。所以我嘗試透過自己的專業以及我能為這項業務做些什麼為起點，開始建立起一個人際關係網路，而不是透過我所認識的人來為我介紹更多的朋友。也許從職涯的角度來看，這並不是一個聰明的做法，但是我不能違背自己內心的想法，我想要建立起一個與專業有關的人際關係網路。所以我的人際關係網路的範圍是有限的。」

很多書和研討會都提倡自我提升，但在這我並不想重複他們所說的內容。如果你正在努力嘗試走出「真實性」陷阱，那你並不需要學習太多的策略，而是要嘗試改變你的想法。當我們不確定我們的個人職涯目標是否會為公司帶來價值時——在這種情況下，我們會覺得自己非常自私，因此會遇到很大的問題。當你嘗試花時間認識更多高層領導者（例如，在第三章所提到的，利用二度分隔關係來擴展人際關係網路）時，你就會看到自己有所進步，影響力越來越大。

戳破你的正向錯覺

做過三百六十度評估的人，都會知道一個不太常見的術語：「自我認知差距」（Self-observer Gap），即我們如何看自己和他人如何看我們之間的差異。當我們遇到「正向錯覺」（Positive Illusions）的問題時，要減少這種差異會變得更難。我們會以最好的可能性來看我們自己，讓自己看不清他人是如何看待我們的[25]。

正如前面所提，雅各拿到三百六十度評估的回饋報告時，整個人非常震驚。最令他驚訝的是，下屬們對他的評價非常差，他們認為他的情緒管理很差、沒有獎懲制度、很少給回饋、組織團隊能力差、不願意授權。其中一個人說雅各常常忽略同事們的感受；另一位認為雅各很難接受批評；還有一位說雅各在大發雷霆之後，又會突然說起笑話，好像什麼事都沒有發生過一樣，並沒有意識到他的情緒變化造成團隊人心渙散。由於其中還有一些人已經知道雅各正在努力提升自己，這更讓他難以接受下屬們覺得他缺乏自制力。

震驚過後，雅各承認這並不是他第一次收到這樣的評價，幾年前他的一些同事和下屬就給過類似的批評。「我覺得我應該改變我的方法，」他反思道，「但是直到上次拿到三百六十度評估回饋報告後，我才真正下定決心要開始改變。」在內心深處，他理性地分析了這些回饋，認為它們是大多數領導者都會面臨的典型問題：「有時為了宣布事項，你必須要很強硬，但是大家就會不喜歡這樣的你。你要學會接受，因為這是工作的一部分。」當然，他的理解是有所偏差的。

我們所有人對自己和自己對他人的影響力都有一種正向錯覺。心理學家解釋這些錯覺通常都是好的，它會增強我們的自信心，讓我們遠離沮喪的負面情緒。我們常常會認為，我們知道的遠比我們所表現出來的要多，以及我們比現實生活中的自己還要更好，就像小說中的「烏比岡湖」（Lake Wobegon），在那裡「所有的女人都很強壯，所有的男人都很英俊，所有小孩的智力都比平均水準要高」[26]。例如，美國大學理事會（College Board）對近百萬名高中高年級生的調查顯示，這種「烏比岡湖」效應從很早之前就有了：七〇%的人認為自己擁有超出平均水準的領導能力；而只有二%的人認為自己在平均水準之下[27]。

當我們把「領導風格」（Leadership Style）這個術語用在表現不太正常，如自大傲慢、專橫跋扈、輕視他人，以及無法控制自己的脾氣的委婉用語時，正向錯覺成了一個很大的問題。大多數人在多數時候或是在大多數人面前都不是個怪人。我們把自己最好的一面展示在特定群體面前，而把壞的一面留給其他人[28]。我們的致命缺點往往過了很久都無法改善，不僅僅是因為我們總是從那些我們不敢怠慢的人

（通常是老闆）那邊得到正向回饋，同時這些壞行為只是偶爾才會出現。

正如心理學家羅伊・鮑麥斯特（Roy Baumeister）告訴我們的，我們無法意識到人類的本性就是：會記住最令我們心煩的事、傷我們最深的事，以及我們做錯的事[29]。他把這種情況形容為「壞事比好事更具影響力」效應。這解釋了當我們大費周章去改變時，如果因為壓力過大而做了一些不妥的行為後，所有努力就會前功盡棄的原因。人們對我們的看法會因為看到問題而產生偏見。沒有人會有計畫地記算他人好或壞的行為，或是計算平均值——因為我們只會記住別人的不好，然後給那個人貼上相應的標籤。

當我們認為自己的「自然風格」（Natural Styles）中，有問題的那一面和我們最強的優勢緊緊聯繫在一起時，正向錯覺也會成為一個很大的問題。即使我們意識到了缺點，還是還會認為它是促使我們取得成功的重要一面。這種反應是非常常見的，特別是在三百六十度評估中（評估中，我們會從身邊的人那裡得到大量不好的回饋）。就像雅各一樣，很多人理性地分析這些評價後會說：「是如此沒錯，但是我必須要這樣做，而他們也能從中學到很多。」（或者會說「這就是作為一個領導

者的難處」。）

就像我們對他人的評價會有偏見一樣，我們對自己也會有偏見。對於雅各以及我們大多數人來說，壞事常常伴隨好事發生。是的，他隨時都有可能大發雷霆。但是在他看來，這是他每年都能獲得好業績的一部分原因。業績結果讓他再一次覺得他的致命缺點是很有必要且可以接受的，因為經驗（到目前為止）證明了這是一種成功的方法，他不會害怕去承認它。但是他並不會意識到，他的成功和這種行為是沒有關係的。

解釋這種現象的最好的例子就是柴契爾夫人，之前我們討論過她有遠見的領導方式。和她一起工作過的人都知道，如果有人沒有像她一樣做好準備，她會非常不留情面地當眾羞辱他。她是一個很差勁的聽眾，同時她認為妥協是一種懦弱的行為。當她成為眾所周知的「鐵娘子」時，她會更加確信她想法的正確性，以及透過強硬方式來達成目的的必要性。她可以讓每個人都臣服在她堅定的信仰之下，她只能做得越來越好。最終，她被自己的內閣趕下台。

我常常試著想像柴契爾夫人是如何看待自己，以及她會拿到什麼樣的三百六十度回饋報告。她在BBC訪談節目中隨口說的一句話，給了我一個很好的想像空間：「在我退出政壇後，」她說，「我會去經商，將它命名為『租一根刺』（**rent-a-spine**）。」她那強硬和固執的做事方式為她帶來了名譽，因此她相信這是把事情做好的唯一方法。就像雅各一樣，她告訴自己：「沒有我的固執，那我們現在的情況會是什麼樣呢？」即使在眾叛親離後，她還是堅持這樣的想法。

有建設性的批評能幫助我們重塑自我觀念，但是不幸的是，大多數的負面評價都會被一些自衛性的回答擋在門外（見第二百二十一頁「自我評估：你的『真實性』陷阱是什麼？」）[30]。

正如麻省理工學院教授埃德・沙因（Ed Schein）所說的，我們會忽略那些資訊，認為它們是沒有關係的，然後將此歸咎於別人或這份工作所帶來的負面影響，或者最常見的是，直接否認它們的正確性——除非是從讓我們獲得最大利益的人那裡獲得回饋[31]。這就是為什麼維持一個能為我們帶來一些自己不願意聽到的回饋的人際關係網路是非常重要的——這樣的人際關係網路，正是柴契爾夫人非常欠缺的。

鋒芒太露

巴黎化妝品公司萊雅（L'Oréal）的辦公場合非常國際化，由於員工來自各個國家，有著各式各樣截然不同的行事風格，因此公司花費很多心力來提升員工們對不同行為準則的敏感度。同時，萊雅還有著非常獨特的企業文化。它認為激烈的討論是創造性想法的來源。但是這對於來自中國的員工來說，是一件難以完成的任務，因為他們從小就被教導「鋒芒太露，必遭人妒」。當有這樣文化背景的人和那些認為「會吵的孩子有糖吃」的人一起工作時，是很難成為領導者的[32]。

在一個多元化的國際環境中工作時，找到一個真正有效的方法會變得更難。一個人怎樣展現他的領導力、怎樣推銷自己的觀點、怎樣傳達回饋資訊，是非常有個人文化特色的。例如，我在INSEAD的同事愛琳•梅耶發現，每個人用來勸說別人的方法，以及你認為很有說服力的論點都是大相逕庭的。它們和你的文化、宗教和教育背景，都有著密不可分的聯繫[33]。作為一個領導者，在展示真實的自己時，美國人最典型的做法是：講一段你自己艱難時期的故事，以及你是如何克服困難的。但對於其他國家的領導者來說，這不僅僅是一個不自然的做法，還是美國人太過公開自己隱私的表現，是商業關係中沒有保持最合適距離的一個例子。下面「萊雅公司的文化與討論中的對峙」，為我們說明了不同文化背景的人們，參與激烈討論時的反應情況。

企業文化是一把雙面刃。當它很強的時候，可以把人們凝聚在一起，達成一個「我們」的共識。但是一個太強的企業文化往往會隱含著一些準則：一個領導者看起來和聽起來應該是什麼樣的，這些準則並不像領導人才庫中那麼多樣化。對於萊雅的一些員工來說，他們本國文化告訴他們，與別人直接對峙是一種不好的行為；雖然他們理解自己需要對別人的觀點發出有力的挑戰，以及明白這樣做的價值，但還是覺得這樣做違背了真實的自己。

萊雅公司的文化與討論中的對峙

以下描述呈現出不同文化的人，在萊雅參與並帶領討論時的反應差異。

- 「眾所周知，萊雅的文化就是允許辯論，這是構成商業理念過程的一部分。因為如果一個想法不能透過這些辯論存活下來，這就不是個好主意，就不是容易在市場上生存的東西。但是，中國人對於對抗是極其消極的。當他在某種程度上說『不』，會讓對方感到丟臉。因此，這是我們試圖避免的事。」（中國的經理）
- 「在日本文化中，對抗是粗魯的，這樣太咄咄逼人，非常沒禮貌且不尊重人。在一次銷售會議中，與會者有多位不會說英文的日本業務經理、一位法國管理者，以及一組行銷團隊。當時，法國管理者透過翻譯詢問每位日本業務經理：『你對此有何看法？』他們一開始感到非常震驚，因為他們只是單純出席一場很多人一起參與的會議。這樣對他們來說是一種侮辱。」（日本的經理）
- 「在義大利，我們試圖避免對抗。我們確實會表達不同意見，但與其他國家相比，會以更外交辭令的方式表達分歧。在一次衝突之後，當別人告訴我，『這件事不是針對你個人／ne le prends pas sperso』，但我真的會覺得被侵犯，我也忍不住會覺得這確實是在針對我個人。」（義大利的經理）

儘管大多數人在接手跨國任務或與跨國團隊一起工作後，對不同文化的敏感度會增強，但我們還是希望領導者們會帶頭這樣做：對自己的想法有獨斷力、證明他們的想法是有價值的、提出一個清晰的論點並帶頭去做[34]。在英荷集團這樣一家全球化公司裡，一些具有高潛力的人並沒有來自一個告訴他們成功需要你講一口流利的英語，同時有著很強的表達能力（他們缺乏這些能力，這些能力是他們的劣勢）的國家。這些表現可以提升自己在高層面前的關注度（第二章有提到），但是這對於他們來說是一個巨大的壓力。

你甚至不需要一個國際多元化的環境來告訴你應該怎麼做。放眼全球各地，男性和女性總是被不同的行為標準規範著，而男性的標準都與如何成為一個領導者的印象更接近。因此，職場上的女性面臨著兩難處境：如果她們表現得像一個領導者，就會帶有更多的男性化特質，同時被認為進取心太強；但如果她們表現得太過於女性化，她們的領導能力就不會被認可，特別是當她們想要坐上更高的職位時[35]。亞洲女性更是深受這個問題困擾，她們要不就是被看成野心太大，要不就是被認為不夠格。一名亞洲女性告訴我說：「在亞洲，別人認為我太過盛氣凌人了；但在歐洲，

他們說我表現得不夠像個領導者，我需要提升我的領導能力，要有自己的立場，學會表達自己的觀點，態度要堅決……我覺得這樣的要求太高，要這樣的話，我都快要成為一名男性了，如此一來，身為女人的意義又何在？我所認識的女性高層主管和男人沒什麼兩樣。這對於我來說是一個挑戰，我不適合那個樣子，我沒法按照那樣的要求來改變自己。我的領導風格權威性不是很強。我該如何讓自己看起來更有權威一些，看起來更像一個高級領導者？」

研究顯示，你的成長與發展，和組織中地位高的人對你的認可有關，還與你的價值觀和認知有關[36]。當你在一個文化背景下所形成的認知，與公司或是其他背景的認知不一時，你的領導能力也許就不會得到認可——這是你領導身分成長的重要因素之一。如果得不到認可和支持，你就會變得越來越消沉，你的領導欲望也會隨之減少。

這個普遍存在的真實性問題，其解決方法並不明朗，因為適應環境並不是一個合適的解決方法。接下來我們會看到，找到正確的平衡點常常取決於你的榜樣——一個既成功又與你有相似之處的人(可以是文化背景相似，也可以是領導風格相似)。

自我評估：你的『真實性』陷阱是什麼？

仔細思考你多次收到負面或建設性反饋的面向，以及你希望在哪些面向取得進步。例如，你可能被鼓勵要更充分授權、改變你的領導風格，或著要多表達你的觀點與想法，而非只是對事實和數據進行分析。在下方寫下這些建議的內容：

現在，思考一下有什麼可能阻礙你在這方面取得進步。你同意以下陳述嗎？

	是	否
1. 我相信一個好的領導人，就是一個與團隊關係密切的人。	___	___
2. 影響他人最好的方式是堅持事實，玩弄人的情緒是種操縱。	___	___
3. 透過人際網路達成商業目標是一回事，但我不會為了推展我的個人職涯而打造人際網路。	___	___

4. 我被教導不要太過關注我自己或我的想法。所以，我在會議上往往比身旁的人更安靜。＿＿＿＿

5. 我認為我的某些問題行為是有正面意義的（例如，我的情緒管理很差，但這也幫助我完成任務）。＿＿＿＿

每個「是」都顯示，本章所討論的真實性陷阱在你身上也是重大漏洞。

擴展你的自我概念

LinkedIn的創建者雷德・霍夫曼和班・卡斯諾查（Ben Casnocha）合著的書中提到，「很多人對於建立人際關係網路的感覺和使用牙線一樣：對你是有益的，但不有趣」[37]。我發現當你發展自己時，也會有同樣的感受。你常常會覺得這很費勁。事實上，在我這個領域——組織行為學（Organizational Behavior）的研究者們，常常用「身分認知工作」(Identity Work）這個詞，來形容我們為了塑造、糾正、

保持，或是重塑我們的身分所做的所有事情[38]。這類似於你最喜歡的書店裡的「心理自助類」的書籍，這些事並不有趣，而且在你轉變到一個新角色時可能也沒有什麼用[39]。

那有什麼其他的選擇辦法呢？那就是試著把自己的身分認知當作遊戲一樣去玩，進行一些「身分認知遊戲」（Identity Play），而不是「身分認知工作」[40]。

把身分認知當成遊戲一樣進行是什麼意思呢？首先，讓我來解釋一下研究所說的工作和遊戲間的不同之處在哪裡。事實上，這和事情本身並沒有太大的關係，而是和你參加活動時的心態有關——你可以在工作中玩樂，也可以在玩樂中工作[41]。

工作時你是認真嚴肅的。你有一個明確的目標，隨時注意著時間，希望能夠獲得不斷地進步，你不想偏離中規中矩的道路。但當你玩遊戲時，就會有很多不同的可能性。沒有了時間概念，可以隨意漫步。你所做的事情並沒有太大的實際用途，也不用遵守各種規章制度，只需要享受自己。你會充滿好奇心，進一步發現很多新的東西[42]。以一種遊戲的方法來做事的好處，就是能夠提升你的創造力[43]。

同樣，你要是把自己的身分認知當成遊戲，就有機會發現更多可能性，而不單純只是成為某一種人。從本質上來說，就好像在與未來的自己調情，而非不斷地為了一個不存在的理想而評估目前的自己，或只是測試一下「承諾關係」（Commited Relationship），又或是想從他人那裡獲得支援，迎合他們有局限性且沒有個性的觀點[44]。因此，把你的身分認知當作遊戲一樣，你就能夠從中學到更多的東西。

下面我將講述三種重要的方法，把身分認知當作遊戲，會讓你免於陷入之前提到的真實性陷阱：

第一，當你把自己的身分認知當作遊戲，你就會覺得直接從別人那借鑑是可行的。

第二，你的心態會從注重表現轉變到注重學到的東西上。你將不再試著保護自己過去的身分，讓其免受改變的威脅，你只會更加地注重探索。

第三，你每天都會有不一樣的目標，你會一遍又一遍重複——甚至修改你的故事。你並非在做一些虛偽的事，只是想在確定新目標之前嘗試不同的可能性。

下面是如何透過把身分認知當作遊戲，避免陷入真實性陷阱的一些參考方法。

像藝術家一樣偷師學藝

如果說有一門職業是注重真實性的，那就是藝術。同時，沒有任何人比藝術家，更清楚「沒有什麼是原創的」。

藝術家兼作家奧斯汀・克隆（Austin Kleon）講述了當他開始進行「報紙摘選」（Newspaper-blackout）詩歌時所收到的評價。所謂「報紙摘選」詩歌，就是把報紙中自己感興趣的單詞或片語圈起來，然後用馬克筆把剩餘部分都畫掉，將剩下的字組成詩歌。當別人告訴他曾經有人也做過類似的事時，克隆就去查閱資料，最後找到了在過去的很多年中，不斷有藝術家一個接一個地從別人那裡獲取同樣的靈感。

透過研究，他發現這個「系譜」可以追溯到十八世紀，並且有很多不同的分支。他意識到他所提出的「報紙摘選」詩歌，是眾多不同影響所形成的獨一無二的結果。在他反思他的創作過程後，他歸納出了一些基本原則，在他出版的暢銷書

《點子都是偷來的》（*Steal Like an Artist*）中有所提及[45]。以下摘錄他的幾點發現：

- 沒有什麼是原創的
- 你只有可能做得與你周圍的事（或人）一樣好
- 不要等到你完全認識了自己才開始行動
- 模仿你的榜樣

許多人會擔心這樣做的話，自己就是一個「小偷」，但是克隆說：「如果我等到自己完全認識了自己，或是在我開始創作之前認識到我將成為什麼樣的人，好吧，那我依舊只是坐著不動，試著不斷地反思自己，而不是動手去做。透過我的經歷，我發現在動手做事的過程中，我們會弄清楚自己到底是誰。」（如圖4-2）

但是這也有一個訣竅。在完全照抄別人與僅僅模仿某一部分，從不同的人那裡提取精華、修改和優化，進一步得到自己獨特的見解之間，是有很大的不同。我所調查的一些投資銀行家和顧問能很自然地做到這些，下意識地從更成功的高級管理者那裡借鑑不同的領導風格和策略。而在我的學生中，那些認為他們必須要找到一

奧斯汀・克隆所提出的好小偷與壞小偷之間的區別

好小偷 vs. 壞小偷	
榮譽	恥辱
學習	瀏覽
從很多人那裡偷	只從一個人那裡偷
信譽	抄襲
創新	模仿
融合	偷竊

來源：摘於奧斯汀・克隆2012年出版的《點子都是偷來的》。

● 圖4-2

個最佳榜樣人選、一個接一個地進行篩選的人，就會發現模仿別人這件事對於他們來說很困難，還會讓他們覺得自己不真實。就像作家威爾遜・邁茨納（Wilson Mizner）所說的，如果你模仿一個作家，那就是剽竊，但是如果你模仿很多個作家，那就是研究[46]。這就是辛西亞所做的，她建議大家找出那些優秀領導者所學習的東西，並且認真地觀察他們。對於克隆來說，真正重要的不是偷別人的風格，而是偷隱藏在風格背後的思想。這樣一來，你就能探究那個人心裡的想法，用他的方式來看世界。

為了學習

我們要承認：我們之所以不敢試著朝不同的方向發展自己，是因為害怕失敗，害怕我們的表現遭到質疑。哈佛心理學家羅伯特・凱根（Robert Kegan）和他的同事發現，很多人在工作的時候，都會把大量精力花在做別人沒有要求他們做的事上：維持自己的名聲，發展最好的自己，不在其他人甚至是自己面前露出缺點[47]。

毋庸置疑，我們每個人都希望在一個新環境中能有好的表現，把合適的策略用在合適的地方，希望我們的表現能獲得獎勵，並且還能在事業上獲得新的進步。但是如果只是把目標鎖定在我們的表現上，會讓我們更不願意僅僅是為了學習，去冒險嘗試不同的自己。當你要轉變到一個新的角色時，你的表現目標很有可能產生事與願違的效果，因為我們學得越少，成功的機率就越低。

下面來看一看碰巧發生在湯瑪斯身上的事。湯瑪斯負責墨西哥一支大型銷售團隊，團隊的業績占公司總營收的四〇%。湯瑪斯被賦予最高級別的銷售任務。為了讓他能接觸到更多與該業務相關的人，他的上司任命他為墨西哥的經理。湯瑪斯認為這個職位既是他最大的發展機會，也是一個最大的挑戰：「現在，我有機會與所有的製造商建立聯繫，包括之前從沒有接觸過的。廠商涵蓋了各個領域，像是產品研發、財務以及行銷。從根本上來看，這項任務中，有四〇%的東西需要我學習。」他知道自己被委以重任，因此他假裝自己很有自信，來掩蓋經驗的不足。

之後，董事會要求湯瑪斯在會議上進行該專案的進度報告，但這並非他原本熟悉的專業領域，這件事成了他發展道路上的一個轉捩點。湯瑪斯知道自己的提案很有可能遭到反對，因此擔心在報告時會有人打斷他，這樣的擔心是可以理解的。為了保證事情在可控制範圍之內，他順著PPT一直往下講，照著稿子念。儘管聽眾有很多不太明白的地方，但他不給董事會成員任何機會來進行討論。為了得到認可和支持，他只關注於保護自己在大家面前的專業形象，而忽略了更大的目標。因此，他錯過了以此瞭解大家心裡想法的機會。他的提議理所當然沒有得到採納，過了好幾個月以後，他才明白了其中的原因。

在一系列具有獨創性的實驗中，心理學家卡蘿・杜維克（Carol Dweck）發現，我們對自己在別人心目中的形象的擔憂，會阻礙我們學習一些新的或是不熟悉的事

物[48]。當人們所追求的目標是他們所謂的「表現目標」（Performance Goals），他們就有動力在別人面前表現自己有價值的特質（如聰明、謙虛、良好的價值觀），他們還希望找到與他們有著同樣特質的人來證實自我形象的價值。相反，如果人們所追求的目標是「學習目標」（Learning Goals），他們就會有動力去發展有價值的特質。

關注「表現」或「形象」的人，更偏愛那些能幫助他們建立良好形象的任務，而不喜歡幫助他們成長的任務；同時，他們認為好的「表現」，能夠非常清晰地展現自己的領導力。因此，卡蘿的研究顯示，這種人更容易產生焦慮和恐懼，不會想辦法彌補自己的缺點，通常說的多聽的少，喜歡用一些自己熟悉但不一定適用的方法，就像湯瑪斯一樣。

與湯瑪斯相比的絕佳反例，是克里斯・強森（第三章提到過）。在與區域經理進行的第一次會議中，他們認為克里斯只是把公司軟體系統硬塞給他們。克里斯知道他們不高興，他希望得到一些回饋，因此，他在晨會時做了一個簡短的開場後，便開放整場問答討論。這樣做需要很大的勇氣。那個早晨對於他來說是殘忍的。區域經理們不斷向他提出問題，但是克里斯想要瞭解他們心裡的想法，所以就像他說的，他好像拳王阿里（Muhammad Ali）正面接下來自拳擊冠軍喬治・福爾曼（George Foreman）的一拳一樣。午餐後，克里斯採取了一個更有趣卻也更艱難的方法。「你們多少人喜歡我的工作？」他問。沒有一個人舉手，他接著說：「如果這個方法不可行，我會被解雇。如果我被解雇，我的老闆就會在你們當中選一個來接替我的職位。所以，現在的情況是這樣：如果你們不想做我的工作，那你們就要努力讓這個方法可行。」

很多管理者都會不斷想要完成各種「表現目標」。例如，他們可能會接下一個新的角色，在董事會進行報告或獲得其他表現自己的機會，又或是回應一些正式展示時獲得的不好的回饋。如果你處在這種模式，那你就是把自己放在最有利的狀態中：降低風險，保持正向錯覺。而「學習目標」模式會讓你想到一個更有趣的方法，這個方法能將你內心對真實性的渴望，與帶有強大動力的領導渴望協調在一起，從而獲得成長，最重要的是，能發現並擴展自己不一樣的可能性。

學會靈活講述自己的故事

知名作家薩爾曼・魯西迪（Salman Rushdie）曾說：「有些人對自己的故事沒有控制權，只會一遍又一遍地把這段經歷告訴別人，不會重新思考並分析它，拿它開玩笑，隨著時間的變化不斷地改進它。這樣是不行的，因為他們沒有提出任何新的觀點。」[49]正如我們之前看到的，一些領導者喜歡透過講述自己的故事來感染別人。要讓個人故事傳遞出自己的價值觀或目的的可靠方法是，認真思考一些我們生命裡出現過最具代表性的事，像是當我們的勇氣遭受挑戰時，或是當一件人生大事教會我們某個教訓時[50]。但是就像我們的職業身分會成為過去一樣，我們的故事也會過時。就像認知科學家丹・丹尼特（Dan Dennett）說的「我們的故事就像紡車一樣，但是大多數時候，並不是我們在紡它，而是它在紡我們」[51]。當它沒有辦法滿足我們的目的時，我們需要時不時地對它進行修改。

奧美集團前任CEO夏綠蒂・比爾斯給了一個極佳的例子來說明這個問題。她曾指導過的一名管理者瑪莉亞，認為自己是一個「非常關心周圍事物的人」[52]。這個自我認知來自於瑪莉亞需要犧牲自己去照顧她那大家庭的經歷。但是，夏綠蒂告訴瑪莉亞，她的故事和自我認知阻礙了她前進的道路。這個故事將她的形象局限在一個友好的、忠誠的團隊成員及和平保衛者，而不是一個能承擔大型任務的領導者。於是，夏綠蒂和瑪莉亞一起尋找瑪莉亞人生中的另一個關鍵時刻——年輕的瑪莉亞離家在世界各地旅遊了十八個月。這個故事中展現出的勇氣，更能讓瑪莉亞看起來有能力領導她的團隊。最後，她得到了晉升。

丹・麥亞當斯（Dan McAdams）把他的整個職業生涯，都花在學習一生中的重要事件上。他說一個人的身分是「一個內在化且不斷進化的故事——來自於過去、現在和未來」[53]。他所說的並不僅僅是學術用語，而是說你要相信自己的故事，並將其內在化，但是它會一直根據你的需求而發生變化。當你的目標改變時，你的故事也應該隨之改變，這樣的話，你的故事才能與你新的目標相關，進而贏得觀眾的共鳴。你不是編寫一本小說，而是選擇性地講述那些對你產生影響的故事。這就是為什麼視情況修改自己的故事，是發展路上非常重要的一部分[54]。

為什麼人要像水一樣

在我最喜歡的TED演講之一「我是誰？再想想」（Who Am I? Think Again）中，演講者赫頓・帕塔爾（Hetain Patel）引用了李小龍所說的名言：「像水一樣。」[55]赫頓是一位表演藝術家，對身分研究特別感興趣，因為他認為我們每個人都會有很多個不同自我。他的父親是移民到英國的印度人，因為他的印度血統和外貌，人們常常對他的形象只有單一的認識。在這個關於真實性的演講中，他認真又有趣地講述了自己如何透過模仿自己的偶像——他的父親、蜘蛛人、李小龍以及他的中國老師（老師是一名女性，因此他的語調偏向了女性），來認識自己的。例如，在製作一段影片時，他像他的父親一樣留起了鬍子，並記錄了留鬍子以後對他的自我形象產生的影響。

赫頓非常喜歡李小龍，因為李小龍不斷地嘗試將新方法與自己的想法融合，來創造新的藝術。李小龍認為應該「運用一切你能運用的資源」[56]。他所說的「像水一樣」[57]，是指不要僅僅局限在一個形象中，而是要能適應新的環境，在新的環境中塑造一個新的自我形象（例如，把水倒進杯子裡，它就是杯子的形狀；把水倒進瓶子裡，它就是瓶子的形狀）。

赫頓也歸納說：「這和我們常有的假設相反，模仿他人可以讓某種特殊的東西被顯露。所以每一次未能成功模仿我的父親，我就會越來越像我自己；每一次未能成功地模仿李小龍，我就會成為更真實的自己。」克隆也說過類似的話：「人類所具有的一項很神奇的缺點是，我們沒有辦法完全模仿別人。在我們未能成功模仿我們的偶像時，就會發現真實的自己。這就是進步過程。」[58]

下一頁的「開始行動：發現真實的自己」告訴我們，如何透過學習新的經歷，和模仿他人來重新認識真實的自己。

按照定義，學習常常是以一些不自然或是讓人們覺得虛假的行為開始的。我們之所以會覺得虛假，是因為我們常常會去做一些策略性計畫，並評估它會為我們帶來什麼樣的好處，而不是自然的真實情感驅使我們這樣做。找到和下屬之間合適的距離、學會推銷自己的觀點、與上級打好關係、適應一個新的環境，與掩飾我們的黑暗面，要處理好這些事情不是一個自然而然的過程。我們常常以真實為藉口，將自

己限制在一個封閉的環境中，拒絕接受新的資訊，嘗試新的環境。但是就像赫頓和李小龍所說的，有時候我們應該學會像水一樣，讓新的環境來塑造我們的自我形象。

開始行動：發現真實的自己

- ❑ 接下來的三天裡，找出你的偶像、你所崇拜的領導者，並認真觀察他們的言行舉止。
- ❑ 接下來的三周裡，對他們進行更深入的瞭解，瞭解是誰影響了他們，瞭解他們對於自己的工作有什麼樣的看法。與他們交流工作目標，並瞭解他們如何發現自己的工作目標。把你所蒐集到的資訊彙整起來，試著學習偶像們有用的好特質。
- ❑ 接下來的三個月裡，找到之前讓你感覺不舒服的環境。像是進行簡報，在討研會上發言，或是在重要的會議上發言。定下學習目標。盡可能做出不同以往的表現。

精華摘要

- 成為一個優秀領導者的道路上，常常面臨很多讓自己覺得虛假的挑戰：接任新的角色、推銷自己的觀點、與上級打好關係、適應新環境，以及接受別人對你的消極評價。
- 「隨機應變者」能夠很順利地根據不同的環境轉換自己；而「堅持真實者」在自己舒適圈外活動時，就會覺得很虛假。
- 真實陷阱會阻礙你成為優秀的領導者，因為你覺得那個真實的「你」只是一個過去的自己。如果要獲得進步，就要擺脱這個過去的你。
- 避免真實陷阱的唯一辦法，就是嘗試一些新的事，嘗試朝不同的方向發展自己。一開始那些新的事情可能讓你覺得不自然，但是不用刻意去做，它就能讓真實的你自然地流露出來。
- 你的身分，即你是誰，不僅僅是有關於過去，而且還關乎未來你會成為誰。
- 以下是三種可以讓你試著朝不同方向發展自己的方法：

—像藝術家一樣偷師學藝：觀察偶像的言行舉止，記錄下你要從他們那裡學習的東西，不斷地改變自己，直到找到最真實的自己。

—為了學習：設定「學習目標」，而不僅僅是「表現目標」。

—學會靈活講述自己的故事：用不同的方式去講述、根據情況講述不同的故事，然後不斷地修改，就像不斷修改自己的個人履歷一樣。

第5章

合理規畫前進的道路

在前三章中，我提供了如何增加外在表現力的建議，那接下來要講什麼呢？這些努力如何提升你的領導能力？為了回答這些問題，你需要進一步瞭解改變是如何發生的，以及人們常誤以為的改變過程是什麼。

人們常常希望他們會有這樣的改變經歷：一瞬間很多東西突然閃現，在那之後一切都改變了。這樣的幻想來自於我們從小聽到的故事：例如，《聖經》故事中掃羅（Saul）前往大馬士革追捕基督徒的故事（編按：掃羅是一個對上帝熱心的法利賽人，熟悉各種猶太律例，恪守摩西律法。因耶穌所傳的福音和猶太人固有對摩西律法認識有著巨大衝突，因此積極迫害基督徒）。他遇到耶穌基督後，突然就變成了保羅（Paul），並從此開始信奉基督教。在每個文化和宗教中都存在這樣的故事，它們都講述了一件事改變了一切的故事，但是現實生活中，改變並不是這樣發生的。

一個更好的例子是《尤利西斯》（*Ulysses*）的故事。這個關於他返回伊薩卡島漫長旅程的故事，途中充滿了種種誘惑。就像美國著名詩人羅伯特・佛洛斯特（Robert Frost）所說的，我們會在這個過程中迷失，找不到自己[1]。

因此，要成為一個優秀的領導者，並不是一件瞬間就會發生的事，而是一個漫長的累積過程。

採取新的行動很重要，即使有時候做一些新的事情會讓我們覺得虛假，因為它們很快就能帶來成果，並不斷刷新可能性，但是很少會有一條清晰的完成界線。事情變得很複雜，我們變得很忙碌，時間的壓力也大大增加。我們幾乎常常沒有辦法忠於自己的承諾。因為在變動初期，我們經常無法扮演好新的角色，不願意放棄過去習慣的行為方式。有件事變得越來越明顯了，那就是我們的目標總是在不斷地變化。這也就是為什麼要透過行動，才能知道我們學會了什麼是很重要的，因此一個新的自己會為我們帶來更大的變化。

令人稱奇的轉變之旅

喬治是一位產品工程師，他被公司選中參與一個重要的改造專案，與他共事的有各部門的專家、產品主管和其他工程師[2]。他已經在公司製造部門待了十五年，

覺得有些無趣，因此他很期待這個耗時兩年的案子。他很想走出之前的小圈子，學習一些新的東西。在他簽署合約的時候，他不知道參與這個專案會為他的事業帶來什麼樣的影響。

參與這個專案深深地改變了他對公司的認識以及他的工作目標。喬治需要全方面地瞭解公司，同時也第一次發現他原本的視角非常狹窄、很有局限性。一段時間後，他發現自己能夠系統地思考問題了，發現自己所做的努力有所改變——從做一些基本職能工作，轉變成讓公司能更好地服務客戶。

在這些新的思考方法成熟了以後，喬治發現他與之前部門的聯繫變得越來越少，他覺得自己不再屬於那裡了。取而代之的是，他開始尋找機會與其他專案小組成員建立聯繫；除此之外，還與外部一些曾遇到工程問題的更大團隊建立聯繫。

這些新的經歷和關係讓他重新認識了自己，重新審視了自己的工作目標和事業野心。專案結束後，他一點也不想回到之前的部門。讓公司能更好地服務客戶的工作比較有意義，它讓喬治感覺到自己的影響力有所提升，他想要更多的進步。

這個改變不是一夕之間就發生的，而是他在專案小組中工作時，成為其中的一員後，一點點累積起來的。在最開始所有專案參與者都參加的培訓中，喬治學會了重新設計業務流程的工具，並瞭解什麼是根本原因分析（Root-cause Analysis）和流程圖（Flow-charting）。這些概念太過抽象，與團隊所遇到的實際問題並沒有太大的關聯。對於自己到底要做什麼，他常常感到很迷茫。為了弄清楚這個問題，他將目光投向外部，參加各種會議，和其他組織的相關人員建立關係，接觸這方面的專家。經過一段時間，他開始瞭解這個複雜的系統，開始為公司提出自己的見解。積極參與該改造項目，讓他這些新的、還常常帶有疑惑的經歷保持著活力，這些經歷充滿了塑造一個新身分的意義，就像一個改變的代言人一樣。

前幾章裡所提到的那些管理者的故事，都是以相同的抽象方法開始的。他們接觸傳統的領導力概念，讀一些相關方面的暢銷書，找一些老師幫助他們改進自己的領導風格，然後苦思冥想自己想要的是什麼，需要改變的是什麼。但是這些東西都和提升領導力沒有太大的關係，也沒有辦法幫助你深刻地瞭解到為什麼領導力那麼重要，為什麼對於你自己來說是很有意義的。一旦發生了這種情況，他們就需要經

歷一段轉變過程，就像喬治的經歷，這種轉變過程比他們最早開始設想的要更有挑戰性。

照食譜做菜無法成為好廚師

很多改變的方法告訴你，開始的時候要先想好，改變以後獲得的結果是什麼[3]。但實際上，弄清楚你想要成為什麼樣的領導者，是改變中最後一件需要做的事，而不是第一件。

喬治也許會告訴你，他之前的工作對他來說沒有挑戰性，所以沒有什麼意義。但是不管他花多少時間來反思他要去哪或是他要成為誰，他都不可能找到像在改造專案小組裡所找到的工作目標。是那一段經歷讓他進一步感受到自己想要改變的願望，並讓他有機會建立一個更具吸引力、更具體的選項。

要做到這樣不是一件容易的事。在改造專案啟動的第一年中，喬治很難將自己的新角色與之前的價值觀融合在一起。例如，他發現當他全心投入一件事時，他變得很喜歡管理團隊——之前他覺得這是一件很無聊的事。但是學會這件事也付出了一定的代價：全心投入公司營運問題以後，他遇到了一個新的問題，那就是再也沒有辦法回到以前的團隊了。

我的學生們也遇到了同樣的問題。經過一周前面幾章所提過的高強度培訓後，他們想出了一個個人行動計畫。這個計畫僅僅只是讓他們開始行動，但這絕不是一件一步到位的事。一般情況下，他們一開始會去摘一些長得最矮、最容易得手的果實，即做一些最明顯、最直接的事來改善重要的工作關係、擴展人際關係網路，以及開展新專案。先加後減，也就是說在放棄自己日常工作之前，他們大多數時候關注的是自己還能做些什麼其他的事。總之，回到工作崗位後，他們都變得非常地忙。他們偏離了該走的軌道，進步速度太慢讓他們覺得沮喪，其中一些人便放棄了。那些堅持下來的人，從一些在虛擬會議以及校內會議上認識的人那裡獲得了幫助，漸漸地看到了自己的進步，但是也會不時想到他們放棄了什麼，以及他們將繼續做什麼的艱難時刻。

喬治和我的這些學生都經歷了我所說的「進步過程」(Stepping-up Process)。這個過程發生在A(現在的你)與B(未來的你)之間(如圖5-1)。進步是一種轉變,這種轉變無法預測、混亂不清、曲曲折折,並且受到情緒的控制。之所以會這樣,有以下幾點原因[4]:

- B是未知和不確定的
- A已經不再適用了
- B有很多種可能性
- 當我們接近B的時候,B發生了改變

最後的結果證明,努力完成轉變,與為了一個已知的目標而努力完全不一樣,就像按照食譜做菜與成為一名好的廚師完全不一樣[5]。當你嘗試做出一些好吃的東西時,如果你的食材正確且按照食譜來做的話,一般情況下不會有什麼大問題。這是一個「投入—產出」模型,產出的東西是多變的,鹹淡程度是不一定的,或是和食譜書上的圖片相差多少的程度也是不同的。但結合實際情況來看,很多人都希望成為一個更好的廚師。

成為一名優秀領導者的進步過程，是從A到B的過程

任何個人改變的過程都分為三部分：A、B以及中間的轉變過程。A是我們目前的狀態：目前的做事方法和身分。目前的我們可能並不是最好的，但我們習慣了這樣的自己，覺得很舒服，因為我們知道該期待什麼。在A的狀態下，我們是成功的，我們知道這時會受到什麼樣的評價。而B是我們渴望的未來狀態，是不可知的。我們嘗試著朝B努力，但是一開始的時候，情況常常不是很明確，在我們經歷轉變過程的時候，它也會經常發生變化。B會跟隨我們的變化而改變。

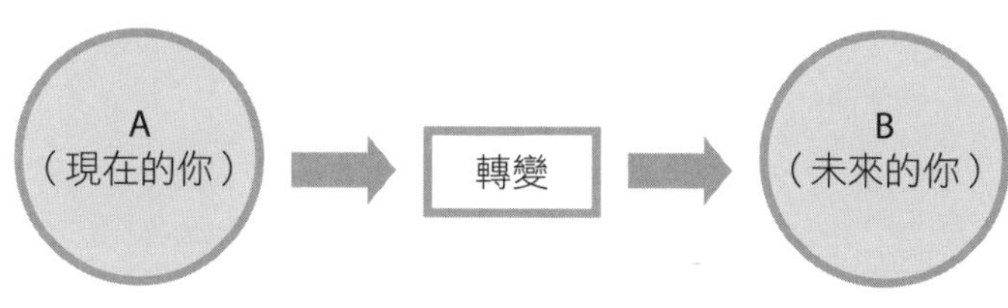

● 圖5-1

當你嘗試成為一個優秀的廚師時，投入的東西也很重要，不過你投入的時間和精力與最後得到的結果之間，並沒有很大的關係。成為一個優秀的廚師，取決於增加你創造新食物可能性的條件，例如受到一個優秀廚師的指導、去遠方旅遊尋找新食材、偶遇一位著名的美食評論家，或是與最好的食物供應商建立良好的人際關係。但是這些東西都不會保證你能達成目標。在這種情況下，成功取決於你是否成為了一個不一樣的自己。

成為一名優秀的領導者的進步過程，更像是成為一位優秀廚師的過

程，而不僅僅是照著食譜做出好吃的東西。進步過程中，有一些你可能沒有預想到的方式改變了你。

可能的進步過程

儘管你不能預測B到底會是什麼樣子，但你可以預測一下轉變過程可能經歷的階段。透過研究，我發現轉變過程大致可以分為五個階段。你不可能從當前的問題階段（階段1）一下子就成了一個優秀的領導者（階段5），在這中間還會經歷一系列階段（見下頁「成為一名優秀領導者的進步五階段」）。

成為一名優秀領導者的進步五階段

階段1：發現差異

- 感受到你是誰，和你要成為什麼樣的人之間的差異
- 加強展開第一步行動的緊迫感

階段2：只加不減

- 增加新的角色和行為（仍保有舊的角色和行為）
- 強化外部發展：收獲能快速取得進展的果實

階段3：混亂迷茫

- 退步、恢復原狀
- 因為新與舊行為並存，花費了大量時間，也導致精疲力竭；身邊的人也覺得「原本的你」就很好

階段4：修正方向

- 引發更大職涯問題的挫折
- 「將外歸內」的時刻：反思新經驗、重新審視舊目標、提出新目標

階段5：內在化

- 持續堅持改變，因為這些改變是被你的新身分所激勵而成，也代表你已轉變成你想成為的樣子

發現差異

進步過程常常以發現目前的你是誰，和你要成為什麼樣的人之間的差異作為開始，這個發現能激勵我們開始付出行動。

事實上，成年人的學習和改變，大多數時候都是從對自己不滿意，或是覺得很迷茫開始的，他們發現了自己的期望與別人的評價之間的差異[6]。多年以來，心理學家利用「胡蘿蔔與棍子」（carrot-and-stick）的類比，強調促使個人發生改變的「棍子」或痛苦經歷的重要性。例如，負面的個人評價或三百六十度評估，以及經歷失敗所帶來的失落感，這些經歷就像一根「棍子」一樣。如果你同時還拿著「胡蘿蔔」——例如強烈的野心、令人奮進的目標，和對理想自我的憧憬，只有這些「胡蘿蔔與棍子」的條件都具備了，你才能夠實現成功的改變，這就是「胡蘿蔔與棍子」的理論。

但該理論的問題在於，自我激勵的方法常常沒什麼用，因為改變的過程實在是太艱難了。調查資料不是很樂觀：八〇％制定新年計畫的人，都會在二月中旬就放棄了；三分之二的節食減肥者，一年內體重又會恢復到原本數值；有些人辦了健身房年卡但從來沒有去過，有的也只堅持了一個月；七〇％接受心臟冠狀動脈繞道手術的病人，在術後兩年又恢復了不健康的生活習慣[7]。即使是在生死攸關的時刻，我們常常沒有辦法堅持改變。我們或許知道自己應該改變，改變對於我們來說是很好的，但是我們發現這真的是一件很難的事。

同樣地，很多管理者參加提升領導力培訓課程是受到了「棍子」（如收到來自像上級那樣重要股東的負面評價）或「胡蘿蔔」（如想要升職的野心或是擴大自己

的影響力）的刺激。不過他們幾乎沒有取得任何進步，因為他們缺乏一種緊迫感（就像想要減肥的人常常說「是的，從下周一開始，我要減肥，我要運動」）。

讓我們回到第二章提過的傑夫，他的團隊成員製作了「傑夫的需求」金字塔，在最底層寫上了「解決問題」來取笑他大小事務都要插手。但這些負面評價並沒能促使他改變自己，相反，他向上級解釋這些負面評價是如何幫助他為公司賣命的。

所以，後來是什麼促使傑夫把改變自己放在第一要務的？是因為有一次他的上級告訴他：「現在是你該選擇下一步的時候了。你是一個重要的管理者，我們公司現在正在新興市場上迅速擴展，因此需要你做出更多的努力，你也將會得到很多的報酬。但是如果你最後想要成為一名公司的高級領導者，你現在就需要做出決定，因為你現在的決定會影響以後的路。」

很棘手的一件事是，傑夫很喜歡親自動手去解決各種問題。但是，在他第九次重複了這些基本上一樣的事情後，他還喜歡做這些事嗎？傑夫意識到，最後他會覺得厭煩，而且沒有其他的選擇。因此，他發現是時候開始改變了。

像傑夫這樣的人，只有在遇到非常迫切需要改變的事時，才會開始採取行動。當傑夫發現如果自己一直待在同一個崗位，他就永遠不會有機會往上爬的時候，緊迫感出現了。另一些人在遇到一些具有影響力的人物，或是遇到最為緊急的危機——失業或是錯失非常想要的機會時，會產生需要改變的緊迫感。

只加不減

當沒有一個更好、更有趣的方法來消磨你的時間時，我們不會停止做之前那些能為我們帶來好處的事。這就是為什麼開始改變的最佳方法，就是我所說的「只加不減」：做一些之前沒有做過的事、練習一些新的行為方式、做一些之前日常工作之外的事、建立一些外部人際關係網路。

正如本書之前所提，雅各從來不會分派任務或是減少管理細節問題，直到他發現有一些更有趣的事情要做——思考公司的採購策略問題。但是，他發現問題後，是在自己的辦公室裡花上兩個小時來思考這個問題。但不被其他人打斷是一件很難的事，因為每次他關上門後，都會有人來敲門。不斷有人來敲門的原因是，他還沒有進行第二項重要的改變：減去一些他沒有必要做的事。

我們之前看到，雅各也下定決心要與銷售總監建立關係，更深入地瞭解其他部門的同等級同儕，如此他們才會更認真考慮他提出的想法或意見。畢竟，如果沒有人關注你的想法，那麼每天花兩小時的時間來思考也是徒勞的。為了加強團隊成員自主做事的能力，雅各還把更多的時間花在培訓下屬上，開更多的會議來加強團隊內部的交流並盡快發現問題（這樣一來就可以避免不斷地出現問題）。他發現自己從來沒有如此忙過。

像雅各一樣，很多高成就的人在開始練習一些新技能時，會發現自己比以往要忙很多。從已經安排好的計畫表中擠出時間來發展新角色，或參與一些新的活動，是非常困難的。而且在我們覺得之前做的努力還有價值之前，是不會減少做那些事情的時間的[8]。在這個過渡時期，我們會繼續完成之前的日常工作，然後很難堅持做那些新加入的工作。像雅各一樣，只有當新的工作獲得足夠回報能讓你堅持下去後，你才會減少之前的工作。

混亂迷茫

接下來，雅各進入了我所說的「混亂迷茫」階段。他發現自己在轉型成「駕馭員」的領導風格後，下屬們對他的改變的評價是——那不是真正的他。

像領導方式這樣的個人改變，通常都是曲折的，我們都會天真地希望改變過程能夠不斷前進（我們假設這是一件只要按下正確的按鈕或是添加催化劑，甚至是敲一下腦袋就能完成的事）。改變自己也不是像理論告訴我們的那樣——像一個S形的曲線，經過一段緩慢的開始，達到臨界點後就會有一個快速進步的過程。事實上，在事情變好之前，常常會經歷一段非常痛苦的時期。個人改變的過程更像是波浪形的曲線，有跌入低谷的時候，也有達到高峰的時候，是一個曲折的前進過程（如下頁圖5-2）。

我們已經討論過改變過程之所以如此波折的一個原因：在痛苦的時候，自己的決心沒辦法支持你繼續完成改變。第二個原因是，身邊的人認為你做不到或是堅持不下去——這些評價會對你的心態造成很大影響。在我的課程快要結束的時候，當

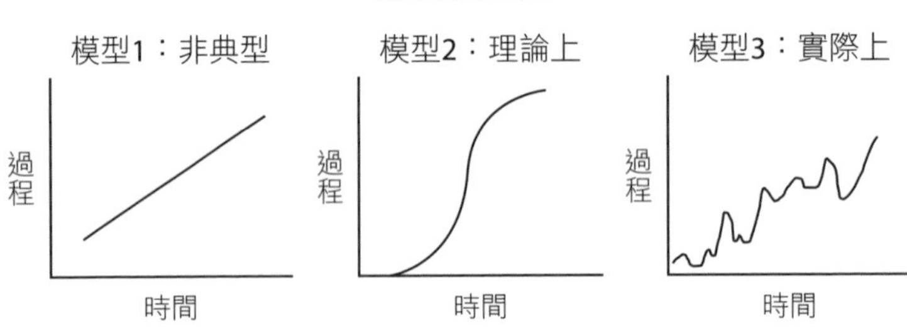

● 圖5-2

學生們充滿了想要付諸實踐的熱情和動力時，我讓他們看了一幅漫畫。漫畫的背景畫著一個戴著眼鏡的男人推開辦公室的大門，高舉手臂做了一個勝利手勢。他身披超人的披風，胸前衣服上印著「領導授權會議」。前方一個員工彎著腰坐在辦公桌前，把頭歪向另一邊用手杵著，做了個鬼臉。每個人都笑了，他們都明白了這幅漫畫的含義。

這幅漫畫告訴我們的是，你的團隊或是組織可能不會理解你的改變，或是不認同你的新想法。你的上級、團隊、同事或是你的朋友和家人，都沒有經歷過這樣的轉變過程。更糟的是，他們會對你的新改變產生懷疑。一般情況下，他們的態度是「我們不要理他，他就不會這麼做了」。不管是否是無意識的，在他們眼中，只會認定你以前的形象。這些壓力會消磨你想要改變的決心，然後不久之後，你就會回歸原樣。

奧拉夫是一家金融服務公司的經理，他就遇到了這樣的問題。他參加了為期一個月的領導力培訓課程，因為他需要休息一下。「我的熱情都沒了。」他說，「我來參加這個課程，是為了讓自己重新恢復熱情。」在培訓期間，奧拉夫學到了很多關於改變的東西，因此他非常興奮，他說：「我非常期盼在我回公司後，能做出一些令人驚訝的改變。」但是在一個月的培訓結束後，公司等待他的是一大堆待辦事項，而且每個人都希望他處理好他離開期間沒有處理的事。因此，他沒有辦法實現他所期待的變化。

在這一個複雜的過程中，要取得進步需要一項新的任務，因為停留在過去的任務中，只會讓你繼續停留在過去的角色，人們對你的期望也只會停留在過去。傑夫正是因為接受了新的任務，才幫他度過了這個階段。在他出色地完成了之前的任務後，上級給他安排了一項新的任務：領導一個更大的部門，為一個更大的市場服務。這個新角色的任務對於過去的傑夫來說，是一個非常大且複雜的任務。雖然這個任務本身，需要的是進一步發展，而不是需要改變。但這就迫使傑夫需要做一些

與之前完全不一樣的工作，他需要建立更多的人際關係網路，並且改變自我認知：這個新任務促使他朝著下一個階段繼續改變。

修正方向

「混亂迷茫」階段所產生的迷茫，最終使得奧拉夫回顧了自己之前所定下的目標。他參加的培訓為他打開一扇新的大門。對於如何改造公司，他有了很多新的想法。他與跟自己有相似經歷的同事們一起討論，從此他的職涯之路朝著以前從未想像過的方向發展。參加培訓之前，他只是想要讓自己放鬆一下；但是在培訓結束後，他的野心又回來了。那個充滿自信、像一個領導者的他開始顯現出來。但是很可惜，公司的老闆和下屬都還沒有做好改變的準備，他的公司並未與他一起成長，因此在他努力想要改變時，受到了來自公司各階層的阻礙。經過再三的思考，奧拉夫意識到他的成長超出老闆對他這個職位的期待。因此，奧拉夫在審視了自己的目標後，辭去原本的工作，開始創建自己的公司。

我們需要注意的是，奧拉夫的目標並沒有指引他前進的過程，而是在奧拉夫改變的過程中顯現出來了。因為他不可能提前知道自己的目標是什麼，所以他之前並不清楚自己想要做什麼。花很多時間事先弄清楚目標是什麼，對於他來說會有什麼好處呢[9]？

我們如何設定自己的目標，以及這些目標如何引導我們，這兩個話題數十年來深深吸引了心理學家[10]。不幸的是，在改變過程的中間階段，很多建議都很機械化，告訴我們這個世界是靜止的，像是我們需要設定一些明確的、可以衡量的、野心勃勃的目標，而且很多理論都告訴我們，最有效的目標是具體的、可衡量的。但是，多次研究後發現，我們設定具體的目標時，並沒有考慮到新的行為方式是否符合我們的目標的可能性，所以最後我們不得不改變目標。

當我的學生們回到工作崗位，將改變付諸實踐，過了幾個月又返回學校後，不出所料地，每個人的目標都改變了，都不是最初設定好的那些目標。在解決了三百六十度評估中最大的問題後，其他的問題都能很容易地解決掉，目標也能很容易地達到，然後他們就開始思考進行一個長期的改變。他們的行事曆上多了很多事情，不僅僅是那些別人希望他們去做的事。

此時，他們開始把外在表現力內在化——反思、修改，為自己的職涯發展以及為自己設定一條正確的前進方向。在奧拉夫的例子中可以看到，他所經歷的迷茫（以及憤怒）最終讓他進入更深層次的思考之中：他的能力已經超出了所在職責的範圍；不管怎樣，原本的職位已經不能再讓他繼續成長了。過了一段時間後，他才意識到這件事，這件事戳中了他的要害，他還仍然在過去的職業以及目標下努力，這讓他沒有辦法繼續進步。

雖然一開始的時候，我們的改變往往只能緩步前進，但在某些時刻，回過頭來重新審視一下目標，看看這些目標和未來前進方向是否相符，還是很重要的。隨著經驗越來越豐富，我們能更精確地判斷成功或失敗是否和設定好的目標相關，更重要的是，回過頭去看看我們的目標是否發生了改變。

內在化

心理學家利用術語「內在化」來形容外在變化、試探性實驗，以及將還不具體的事業目標內在化的過程。我將其形容為「將外歸內」（Bringing the Outsight Back in)。你將一個改變內在化以後，它就會依靠你的經歷而變得堅實而有基礎——真實存在、能觸碰得到，並且深深存在於新的自我定義中。這就是一個由外在表現力，轉變為內在洞察力的過程。

內在化是改變必經的一步，它能幫助人們從所知及所做，進一步走向認識自己[11]。做你應該做的事和做你內心想做的事是不一樣的。例如，一個管理者可能知道他在進行PPT簡報時，不能只是讀稿機，應該用一種富有激情的演說方式來感染士氣低落的員工們。但是如果他能將這種需要鼓舞人心，以及和員工們打好關係的價值觀內在化，他所做出的簡報就會更能鼓舞員工，因為這種演講方式與他的價值觀，以及他想要展示的東西相符：也就是說，這就是他。同樣地，這和我第一次在課堂上講的「標記地盤」的故事是一樣的；這是適合用於證明我所堅信觀點的另一個例子。

下頁圖5-3歸納了轉變過程的五個階段。有趣的是，這是一個循環的過程，因為成為一個你想成為的人是這一切最強大的驅動力。這個驅動力能夠增加你需要繼續前進的緊迫感，並尋找更多領導的機會，進而形成一個循環的過程。

轉變五階段

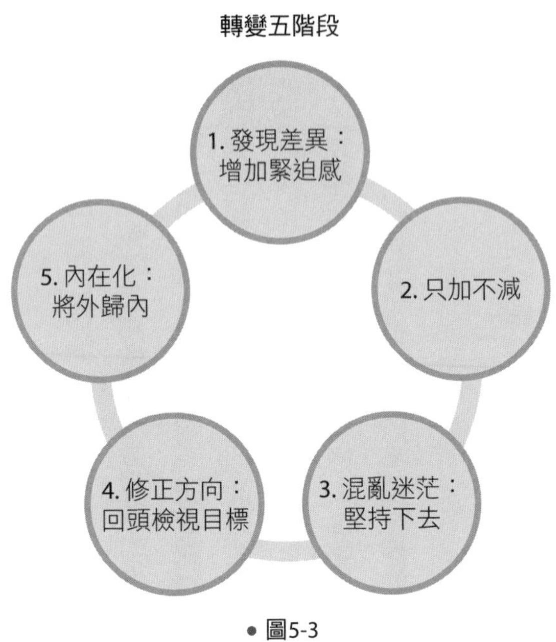

● 圖5-3

晉升還是跳槽

某些情況下，人們會像傑夫一樣，在接受新任務以後獲得了進步；但有另一些情況，人們會像蘇菲一樣，工作職責雖然沒有變，但是卻用了與之前完全不一樣的新方法來處理工作；還有一些情況是，會像奧拉夫一樣，改變的過程引導他發生了重大的事業變化。

我們如何知道自己的能力已經超出當前的工作職責範圍，或是整個公司的範圍？什麼時候是合適的跳槽時機？很多想要晉升的管理者最終都會遇到這樣一個問題，這個問題的答案並不簡單。正如前面所看到的，增強領導力的經歷增加了我們自我認識的能力，釐清了我們要成為什麼樣的人，並增加了要尋找更多機會來進一步提升領導力的緊迫感。當目前的環境無法讓我們有進一步的施展空間時，我們就會開始尋找其他環境。

我調查過的管理者最後都會問自己一個問題：「我應該留下，還是去別的地方發展？」例如，英國石油公司前經理薇薇安・寇克斯在負責新能源業務的過程中，發現自己的領導風格和人生觀已經發生改變，與公司主流的風格和觀念已有所不同。在公司裡，她嘗試著用一些新的辦法去做事，當她越來越依自己的方法行事，就讓她越來越想進一步發展自己所肯定的東西。但是公司內部的限制難以突破，於是她辭職了，去了另一家公司，在另一個崗位上繼續用自己的方法來做事。

當一個人的事業發展達到鼎盛期時，這種「留下還是離開」的問題，通常就會有很多心理學上的意義，例如，對於第二章提到的羅伯特來說，他最後意識到他想要離開並非是為了得到一份更好的工作，這其實是成長過程的一部分。他無法反抗老闆就和他無法反抗他父親一樣，他需要從這種失調的關係中解放出來。

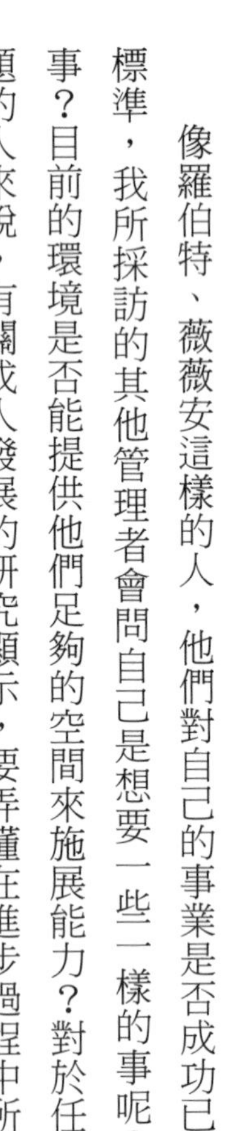

像羅伯特、薇薇安這樣的人，他們對自己的事業是否成功已經有了一定的衡量標準，我所採訪的其他管理者會問自己是想要一些一樣的事呢？還是做不一樣的事？目前的環境是否能提供他們足夠的空間來施展能力？對於任何一個遇到這些問題的人來說，有關成人發展的研究顯示，要弄懂在進步過程中所獲得的外在表現力更深層次的含義，需要將其內在化，並進行個人化的自我反思[12]。

人的一生都在不停地改變

心理學家丹尼爾・李文森（Daniel Levinson）提出了著名的「七年之癢」（Seven-year Itch）以及「中年危機」（Midlife Crisis）這兩個概念。他的研究發現，改變可能會循環性地發生，「穩定」與「改變」兩個時期，總是不斷地在生活中交替出現。

李文森說，「穩定期」通常只能維持七年的時間。這並不是說在這七年間我們不會有任何的改變，而且，比起他進行該研究的一九七〇年代，如今的我們變化速度越來越快[13]。只是在這段時期內，我們所做出的改變會逐步增加，而不會突然地打亂任何事情。在一段相對穩定的時期內（只是相對，因為我們總是在持續變化），對於我們的工作和家庭，我們會做出一些重要的決定，這些決定就會成為我們這段時期內優先要做的事，並根據這些決定來安排我們的生活，以及適應（或忽略）其他事。這段期間，我們的任務就是完成各項「計畫」。但是一段時間以後，我們會發現有些事並不像我們所計畫的那樣發展。也許是因為我們自己改變了，也許是環境改變了，或者是兩者都改變了。

「改變期」比「穩定期」要短，通常只持續三年的時間。在這個時期，人們不僅會更常重新思考自己所做的事，還會重新思考自己做這些事的目的是什麼。他們通常會做出更徹底的改變。這段時期中，我們的任務是研究我們所做出的選擇，探索更多的可能性，種下發展一段新的「穩定期」的種子。

重要的問題

如果你發現自己正處在改變期，這可能是因為你已經開始做一些不同的事情，讓你一瞥新的可能性。這時你需要退後一步，問問自己以下這些問題：

- 我從工作、同事、專業社群中，以及我自己身上能夠真正得到什麼？
- 是否知道自己真正想要為自己和他人做的是什麼事嗎？該如何找到答案？
- 我的核心價值是什麼？它們如何反映在我的工作中？
- 我最大的才能是什麼？我如何運用（或浪費）它？
- 我對我初期的抱負做了什麼？現在我想對這些抱負再做些什麼？
- 我能在與工作為伍的人生中，仍然為生活其他的重要面向保留足夠空間嗎？
- 我對我目前的狀態和發展軌跡有多滿意？我可以做出哪些改變，為未來提供更好的基礎？

李文森的研究顯示，最混亂的「改變期」常常發生在四十歲左右（現在有些人反駁，五十歲左右才是「中年危機」的新定義，因為我們比以前的人活得更久）[14]。人到中年或是事業發展到中期時，會更加渴望改變，因為對於他們來說，改變是一個已經不可多得的機會。他們覺得自己仍然還有足夠時間來開啟新的生活篇章或是事業前景，但不能再把時間浪費在過去的事情上了。他們想要充分展現自己之前一直未展現的一面，大半輩子的人生閱歷也讓他們有了足夠的判斷力。改變的發生不僅僅改變了我們要做的事，還改變了工作機會，在這個時候我們也就會提出一些重要的問題（見右頁「重要的問題」）。

事業中期要進行轉變的一個最大挑戰之一，就是弄清楚該改變什麼，以及該保持什麼。有時候誘惑會讓一切馬上改變。但是像改變工作或是事業這樣重要的事情，有時不一定會帶來好的結果。著名心理學家愛利克・艾瑞克森（Erik Erickson）的學生詹姆斯・瑪西亞（James Marcia）認為，更重要的是我們需要問自己：現在我們處在什麼階段，用積極的心態去看待不同的選擇，最終開始進行改變。不管是諸如工作改變這樣的外部改變，或是改變我們思考方式的內部改變，我們可以透過

探索並進行改變的四種狀態

探索階段 \ 付出行動	有	沒有
有	成功（Achievement）： 成為了自己想要成為的那個人 （象限4）	暫停（Moratorium）： 空出時間休息，暫停做決定 （象限2）
沒有	排除（Foreclose）： 排除其他選項（象限1）	擴散（Diffusion）： 沒有清晰的身分定義或是職業計畫（象限3）

資料來源：摘錄於詹姆斯・瑪西亞所發表的《自我認同狀態的發展和驗證》（*Development and Validation of Ego Identity Status*）

● 圖5-4

這些來獲得成長[15]。

他所提出的「身分認同狀態」（Identity States）模型，在任何情況下都能塑造一個像圖5-4裡總結的那樣的人。這四種狀態中的每一種，都描述了一個人會經歷的兩種連續狀態：一邊探索，一邊在具體的選擇中進行改變。如果我們沒有探索一份工作、一條路或是一家公司是否適合我們就進行改變，我們就「排除」（Foreclose，心理學用語為「早閉」）了一個可能更好的選項（象限1）。如果我們沒有付出實際行動，而是一直在探索，如休年假、回學校進修一段時間，或是不停地變換工作來尋找自己想做的事，我們就處在瑪西亞所說的「暫停期」（Moratorium，心理學用語為「未定」）（象限2）。但是如果我們不停地提出問題而沒有真正去深入探索，也不會真正去付出行動，不管是在過去的事業上還是在新的事業上，我們同樣放棄了變得更強以及更成熟的可能性。瑪西亞把這樣的狀態叫作「擴散期」（Identity Diffusion，心理學用語為「迷失」）（象限3），因為我們只是象徵性地接觸了很多東西。我採訪過的一名管理者這樣說：「有兩種人。一種人總是在不停地跳槽，而另一種人一直沒有換過工作——他們太容易安定下來，也很容易就停滯不前。」身為一個成年人意味著既要去探索和提問，也要付出相應的實際行動（象限4），這個階段叫作「成功期」（Identity Achievement，心理學用語為「定向」），用該術語來形容這個狀態是很合適的，因為在該狀態下，我們已經成功地成了真正的自己。

瑪西亞所說的「排除期」的問題在於，我們常常無法意識到自己在做什麼。沒有人會明確地知道自己該排除哪些選項。但是這確實是現實生活中常常發生的，人們不會停下來問自己一些重要的問題，而是任憑時光流逝。太過確定與太多懷疑一樣，都會存在問題。未必是因為我們的工作不適合我們，而是因為我們可能不經意地就活在別人的價值觀以及別人期望的陰影下。有時我們太過於把別人對我們的期望內在化，而實際上我們並不是別人眼裡所看到的那樣，哈佛大學心理學教授羅伯特・凱根將其稱為「自我編排」（Self-authoring）[16]。凱根解釋，在我們年輕時或是事業發展初期，我們都會遵照社會對我們的期望來做決定，什麼樣的工作是一份好工作，什麼樣的老闆是一個好老闆，怎樣成為一個忠誠的員工。而到了事業中期，我們就需要瞭解那些隱藏在期望背後的假設，這樣一來，就可以從「你應該是這樣」——這種生命中某些重要的人對我們的定義或期望中釋放出來，成為一個「真正的你」。下頁「自我評估：你處在事業建設期還是事業轉變期？」，能幫助你瞭解你正處於什麼樣的時期。

將外在表現力內在化的過程，能讓你在生活中或事業上實現很多有意義的外在變化；或者，你也許會心存疑問，但還是會停留在目在所處的位置上，做出改變這樣一項具有重要意義的事；即使對於外部的人來說，沒那麼容易察覺你的改變。本章要說的發展過程，就是要描述應該如何實現走上改變的道路。

自我評估：你處在事業建設期還是事業轉變期？

	是	否
1. 在最近這七年內，我的工作、職涯發展或所處組織沒有任何改變。	＿＿	＿＿
2. 我發現我對自己的職業感到有點不安。	＿＿	＿＿
3. 整體來看，比起活力充沛，我的工作更讓人精力枯竭。	＿＿	＿＿
4. 我厭惡沒有為我的外部興趣或家人留下更多時間。	＿＿	＿＿
5. 我的家庭狀況也在發生變化，讓我更有探索不同選擇的自由；例如，我的孩子已經離家上大學，或伴侶的職業狀態已經改變。	＿＿	＿＿
6. 我嫉妒（或羨慕）我身邊那些勇於做出重大職涯變革的人。	＿＿	＿＿
7. 我的工作對我而言喪失了一些意義。	＿＿	＿＿

8. 我發現我的職涯抱負正在改變。＿＿＿＿

9. 近期的個人事件（例如：健康出問題、親人過世、孩子出生、結婚或離婚等）讓我重新評估我真正想要的東西。＿＿＿＿

10. 早上起床時，我不會因為新的一天而興奮地跳下床。＿＿＿＿

計算以上問題回答「是」的數量，來評估你是否處於轉變期：

6–10 你非常可能深陷事業轉變期。請騰出時間反思你的新經歷，還要考慮你的生活目標和優先事項是否需要重新調整。

3–5 你可能正要進入事業轉變期。建議透過參與新的活動和建立新關係，來提升外部視野。

2或以下 你更有可能是處於事業建設期。

精華摘要

- 成為一名優秀的領導者並不是一蹴可幾的事，而是一個需要長期堅持的過程，是由一點一滴微小的變化累積起來的轉變。
- 很多領導者轉變方法會告訴你要先學會自省，找到自己的目標，然後就能實現轉變。但事實上，學會反思應該是領導者轉變過程中的最後一步，而第一步是要開始行動。
- 領導者轉變過程是曲折的，會不斷地遇到困難，讓你產生迷茫混亂的複雜情緒，通常由以下幾個階段組成：
  1. 發現差異
  2. 只加不減
  3. 混亂迷茫
  4. 修正方向
  5. 內在化
- 想要不被困難打倒，就需要將外在表現力內在化，反思整合學到的新東西。簡而言之，透過新的經歷塑造自我形象，才能推動你繼續前進。

‧但是，做出一些重大的轉變，如換工作或是換領域，並不一定能讓你變得更好。更重要的是，在前進的道路上，要不斷地問自己現在在哪裡，要保留更多的可能性，最終才能實現改變。改變可以是外部改變，如工作發生變動；也可以是內在改變，如改變你對自己所從事工作的認識。

‧從「你應該是這樣」——生命中那些重要的人對我們的定義——的期望中釋放出來，是改變過程中非常重要的一步。

總結——開始行動

無論你現在正在做什麼，你有可能正在經歷著某種程度的「自己動手做」的轉變過程。這意味著你不僅僅要對自己的發展負責，還需要瞭解什麼時候是你向著優秀領導者轉變的最佳時機，即使目前沒有什麼新工作要做。如果不嘗試尋找任何新的機會來發展自己，那麼你就永遠沒有辦法接觸新的工作任務，升遷這種事情也不會發生，也就沒有辦法繼續前進到下一個事業階段。

你應該從哪裡開始做起呢？本書的核心觀點是，成為一名優秀領導者的唯一辦法，就是要先表現得像一個領導者。行動，即改變你的做事方法，重建並利用你的人際關係網路，以及改變展現自己的方式，能夠提升你的外在表現力，刷新你對領導力的理解，還能改變促使你繼續前進的動力。改變外在表現力能夠改變你是誰，你能做什麼以及你的價值觀，進而改變你的想法。在世界不斷變化以及你不斷成長的過程中，你也會隨之不斷地改變自己。

值得強調的一點是：身邊的每一個人都會告訴你，如果想成為一名優秀的領導者，那就需要學會自省反思，清楚地知道自己想要什麼，增強自我意識。這些建議都很好，但是這只會在改變後期發揮作用，而一開始你必須要先有一些新的經歷，要不然你所反思的結果只會停留在過去。內在洞察力是外在表現力的反映，而非創造外在表現力的泉源。弄清楚你想要成為什麼樣的領導者，並不是成長之路上的起點，而是在改變你外在表現力時獲得的結果。你必須把傳統的「先思考後行動」的觀點翻轉，這樣才能成功地實現轉變。

跳出你之前專業領域的範圍，不再去親自過問所有的工作細節，把更多的時間用來思考策略性問題，建立良好的人際關係網路，以及用心地學會做自己——所有的這些改變並不是一夕之間就能完成的。這個轉變過程是需要一點一滴累積起來的，漫長且曲折，會遇到很多困難——在你達到預想的目標之前，會花費很長一段時間；整個過程也會充滿混亂迷茫的複雜情緒，會迷失方向，遭遇挫折，有很多意料之外的改變，但是所有的這些經歷都是在為內在的改變做準備。改變進行到一定的時候，我們需要開始將改變內在化，將所有的經歷聯繫在一起，開始反思這些經歷的意義所在。

以一種新的方式來行事不僅僅會改變我們的想法——我們認為什麼是重要的，什麼是值得去做的，還會改變未來我們將會成為什麼樣的人。以行動為起點，然後

進行反思，最後就能重新認識自己。無論我們是決定要跳槽到一家新的公司，或開展一項新的事業，又或是繼續待在原來的崗位，都是不斷地努力在組織或在工作中變得更加優秀，並學會在最大程度上做自己。透過反思新的經歷，我們能更清楚地看到自己的目標，進一步去追尋它，就像愛爾蘭管理大師兼作家查爾斯・韓第（Charles Handy）所說的，過「我們自己的生活」（A Life of Our Own）[1]。

你的努力怎樣才能得到回報

十多年前，INSEAD開設了領導者培訓課程，我擔任了三年的課程主要負責人。學術研究是我的終生事業，寫文章和做研究都是我的愛好，我相信我可以做得很好，並從中獲得回報。上課是一回事，但是要把課堂的內容真正付諸實踐又是另一回事。而且最讓我受不了的是，負責該課程占用了我太多的時間，讓我沒有空檔做我喜歡以及我擅長的事：寫書和寫文章。

我記得在擔任課程負責人的頭一年，我變得越來越迷茫。我的任務是帶領我的團隊計畫好該課程的戰略重點。這意味著我需要為課程教學內容設定方向、討論戰略目標；想辦法讓團隊內外的主要投資者買下我們的想法；組織各式各樣的會議，如重要會議的會前及會後討論、一對一會議以及非正式小組會議等。但是無論我怎麼努力，團隊成員都對我提出的觀點有異議。這件事對我來說是一個不小的打擊，讓我的心情變得十分鬱悶。

我清楚記得接任該職位頭一年舉行的每一次部門會議。我嘗試花很多時間在一些重要的問題上與小組成員達成共識。但我發現，每次會議幾乎都是在和同一群人討論同樣的問題，他們所說的東西和一年前所說的沒有什麼差別，這令我很失望。記得當時我對自己說：「花在這些討論上的時間，我都可以用來寫一兩篇新論文了。至少我所付出的時間是會有回報的。」

然後，我意識到我面臨的問題，也是我課堂上學生們所遇到的問題。我並沒有做好領導工作，是因為我覺得帶領團隊並不是我真正的工作。所以，我並沒有投入足夠的時間，並等到所有的付出得到回報。又正因為發現努力沒有回報，所以我覺得之前所花的時間看起來是沒有價值的。如果我覺得這件事沒有價值，就只會應付一下工作任務：寫計畫、開會、分派一下任務給大家、評估業績、安排課程、培訓新老師、調解矛盾，或是定期舉辦慶功宴、歡送會及各種節慶活動。你所看到的是，我並沒有在領導什麼，但這份工作實在是讓我耗費心神。

對我而言，成為一名優秀的領導者並不代表要放棄之前所有的工作。相反，它需要我們學會如何正確分配時間——在什麼事情上多花時間，什麼事情上少花時間，可以加入一些什麼樣的新活動。不過不變的是，我們都會習慣盡量不放棄之前所做的工作，然後接下一些新的職責（通常都很無趣，因為可能都不是我們自願想做的事），而且不會主動思考我們需要參與一些什麼樣的新活動。

對於這份領導工作，當時我的看法非常有局限性，是一種消極的自我強化（Self-reinforcing）觀點。我一直處於被動的狀態，想著只要完成工作任務就好，而不是主動去完成日程計畫。更糟糕的是，其他人的日程計畫是由我來安排的——我需要花很多時間和精力來做，但對我的領導效率幾乎沒有任何影響。因為壓力過大，我也沒有參與團隊外的任何活動——本來可以和其他同事或是參與其他項目的志願者進行討論交流。我甚至沒有參加那些對於學術生涯來說非常重要的活動，因為我已經很久沒有發表新文章了。正如大多數管理者一樣，我的想法與我的領導職責產生了衝突。

四年前，當我開始著手寫這本書的時候，我再次接任一個為期三年的領導任務。這次我欣然地接受了，並且很享受這個工作，也為我取得的成績感到自豪。我並沒有把時間都放在工作上（這樣一來，就有更多時間用來寫文章），僅僅是把焦點放在一些非常重要的事情上。這些事情都能促進團隊成長，並且排除眾多阻礙，為團隊吸收更多優秀的人才，同時能讓團隊成員繼續他們的研究——這些事情到最後都獲得了提升。其他一些不太重要的事情，就不必花太多時間去做。

我的一位同事剛接下管理任務時，也曾對我說領導團隊讓他覺得筋疲力盡。有趣的是，他也是一個研究領導力的專家。我問他對於領導工作的看法是什麼，他回答我：「你需要先有一個明確的目標。」對他來說，這份工作就是為他的團隊而服務。「這是一個很崇高的目標，」我說，「但究竟是為了什麼而服務呢？」他沒有一個明確的工作計畫、沒有篩選出最重要的事情，以及那些能產生重要影響的事。

是什麼改變了我呢？有很多面向。在接手第二項任務之前，我所在的委員會和討論小組向我簡報了學校裡各個部門的運作情況，幫助我更深入地瞭解我專業領域之外的同事。在學校外，我也扮演不同的角色：我加入了哈佛商學院的訪問委員會（Visiting Committee），也加入一些顧問委員會，例如參與世界經濟論壇領導者培訓計畫，參加每年的世界經濟論壇及其全球議程理事會。我的人際關係網路也越來越廣泛。我對新的活動也越來越感興趣，因此花在那些沒有回報的事情上的時間也越來越少。

我可以繼續發展下去，你應該明白，這是因為透過那些新的經歷，我的想法也已經發生改變。

過去的經歷有用嗎？

賈伯斯在他著名的史丹佛大學畢業演講中說道，他在大學時輟學去做了其他事，例如去上文字藝術課程，而這個經驗對多年以後的蘋果產品外觀及觸感產生很大影響。他從來沒有想過，當時這個興趣愛好會對後來所取得的成績產生如此重要的作用。「向前展望時，你無法把過去點點滴滴的經歷聯繫在一起，只有在向後回顧時才能發現它們之間的聯繫。」他說[2]。

正如賈伯斯一樣，在你剛開始轉變的時候，可能並不能發現你的過去經歷會對你產生什麼樣的作用。你不知道它們能幫助你走到哪裡。但是它們會讓你的想法發生潛移默化的改變，在你反思時能讓你明白更多新的東西，促使你找到一些更有意義的方式，然後對你在工作和生活中產生影響。

雖然領導者轉變是一個很漫長的過程，但是經歷過後，新的領導身分就會轉變為真實的你，它能促使你花更多的時間來「執行領導力」（Doing Leadership），你能從更多的人身上學到新的東西，最後你的能力會得到認可，你也能從中獲得快樂。它還會對你參加什麼樣的活動造成影響，因為你會傾向選擇參與能提升領導能力的活動。有時候，這條轉變之路最終會讓你的事業也發生轉變；有時候，也只是會讓內在發生改變：你的價值觀和自我認知會發生改變。

這是一件很有價值的事，所以讓我們現在就開始行動吧！

致謝

本書醞釀了很長一段時間才完成，我非常感謝那些督促我完成這本書的人。本書的編輯《哈佛商業評論》的梅琳達・美瑞娜（Melinda Merino）和我的經紀人卡蘿・法蘭柯（Carol Franco）都給予了我很大的支持，即使是在看過了很凌亂的初稿後，她們都願意相信這本書能獲得好的迴響。就像書中所提到眾多管理者的故事一樣，本書也經歷了好幾個階段，過程跌宕起伏。從最初提出想法到最後定稿的每一個階段，梅琳達和卡蘿都不斷地鼓勵我。

梅琳達與我合作已經很多年了，是一個非常好的合作夥伴。她鼓勵我研究人們是如何學會像領導者一樣思考的，並鼓勵我接受挑戰，將我的研究成果以及想法進行梳理後寫出來分享給更多的人。當我不得不暫停研究時，她給了我足夠的空間和信心。最後快要定稿的時候，我追求完美，一遍又一遍地修改，而她也非常有耐心地等我最終定稿。

與卡蘿一起共事是一件非常幸運的事。我在加入哈佛商學院研究小組的時候就已經認識了卡蘿，但這次是我們的第一次合作。她幫助我「領會」本書的精華，對書中的觀點進行精心的編排，然後又把書中犀利的專業意見，與溫和的鼓勵支持完美地結合在一起。我還非常感謝卡蘿介紹我認識了很多幫助我的人。其中一位是肯特・林奈貝克（Kent Lineback），多年以來，他教會我許多關於寫作的知識，如在寫作中哪些地方是重要的，怎樣寫才能讓讀者更容易明白。卡蘿還介紹我認識了另一位重要的人——馬克・佛傑（Mark Fortier），他為本書進行了很多宣傳，雖然他剛加入本書創作團隊不久，但他已經提供很多非常有用的建議。

在INSEAD，我有一個非常優秀的核心團隊，如果沒有這個團隊，本書也許就不會出版。我的研究助理兼專案經理娜娜・范・伯努斯（Nana Von Bermuth）為本書做出的貢獻比我還要多。創作本書的過程中，當我有所懈怠時，娜娜會督促我繼續完成；她還提供很多有用的建議，讓本書更能激發起讀者的興趣。無論何時何地，她都給我無限的支持。就像書中所提到的「隨機應變者」一樣，在本書創作中每一個不同的階段，她都能不斷地靈活改變自己來提供我所需要的幫助。特別要感謝的是，在二〇一四年夏天完成本書二稿時，她給予我很大的幫助：當時我在邁阿密海灘，她在托斯卡尼海岸，當我們的孩子在陽光下玩耍時，我們兩人都守在電腦旁邊繼續工作。儘管她沒有提過要把她如此重要的貢獻寫在書中，但最終她的確給了我最棒的編輯回饋。

我的助理梅蘭妮・卡門茲（Melanie Camenzind）是核心團隊的另一位成員，她從一開始就一直跟著我，要是沒有她，這本書也不會出版。她幫助我把一切事務都安排得井井有條，不讓任何瑣事打擾到我。這些經歷讓她完成了「自己動手做」的轉變過程，成功轉型為一名專案經理。梅蘭妮是「如何重新定義你的工作」一個非常成功的典範。

很多朋友和同事都讀過本書最初的版本，一起進行過討論或交流。我非常感謝傑皮耶洛・彼崔格里利（Gianpiero Petriglieri）和荷西・路易士・阿爾瓦雷斯（Jose Luis Alvarez），他們對領導力的見解給了我很多靈感。以及艾琳・邁耶（Erin Meyer），她將她出書的經驗全都與我分享；還有克莉絲汀・萊納斯（Kristen Lynas）和克勞迪婭・博那西（Claudia Benassi），她們也非常樂意與我分享想法，並給予我鼓勵。

想要感謝的人還有很多很多，創作本書的過程中，從討論社會心理學以及組織行為學的經典研究，到討論本書的標題、封面，我都是在INSEAD的組織行為學院中完成的。大多數情況下，同事們也非常願意在午餐時間與我進行討論。

我非常幸運並非常高興，在之前評估CEO的專案中認識了克勞迪奧・費南德茲阿勞茲（Claudio Fernandez-Araoz）。我非常感謝他在深思熟慮後，對我的初稿做出的回饋，之後幾次交流中也給了我很大的幫助。克勞迪奧研究的領域是職業發展，非常幸運，他在我身上檢驗了他的研究理論，我從中受益良多。

與我一同進行領導者轉變研究的同事，傑皮耶洛・彼崔格里利和荷西・路易士・阿爾瓦雷斯也為研究做出了很多的貢獻。我們一起討論備課，思考出能為學員提供最大幫助的教學設計。領導者轉變課程能獲得認可最大的祕訣，就是有一群優秀的教師團隊，在馬丁・范德普爾（Martine Van den Poel）的帶領下，他們為每一位學員量身定制了學習方案來幫助其完成轉變。我從中也學到了很多，非常感謝他們幫助每一位學員發現自身潛力的敬業精神。

此外，非常感謝能與《哈佛商業評論》出版社的眾多成員合作，包括大衛・李維斯（Dave Lievens）、麗莎・伯勒爾（Lisa Burrell）、寇特妮・卡什曼（Courtney Cashman）、薩爾・阿什沃思（Sal Ashworth）、史蒂芬尼・芬克斯（Stephani Finks）、尼娜・娜西里諾（Nina Nocciolino）、艾瑞卡・楚克斯勒（Erica Truxler）、派蒂・伯伊德（Patty Boyd）、艾琳・布朗（Erin Brown）和詹姆斯・德佛里斯（James de Vries）。無論什麼情況下，他們都一直支持我，他們所做的事情對我也產生了極大的影響。我還要感謝布朗恩・佛瑞（Bronwyn Fryer），在初稿得到回饋後，他幫助我一起進行修改，在文章清晰度和格式上都給了我很多的建議。

寫書需要花費很長的時間，要蒐集很多資料。過去的五年來，聯合利華領導力和多元化研究基金會（Unilever Endowed Fund for Research in Leadership and Diversity）給了我非常多的幫助，不僅僅提供了資金支援，還讓我結識了很多對我有重要幫助的人，如珊蒂・奧格（Sandy Ogg）、強納森・唐納（Jonathan Donner）、道格・貝利（Doug Baillie）、莉娜・奈爾（Leena Nair）和聯合利華執行長保羅・波爾曼（Paul

Polman），我從他們身上學會了什麼樣的公司能夠幫助員工獲得成長。

當然，本書的出版離不開那些參與該研究的受訪者，他們將自己領導者轉變的經歷分享給我，才讓本書有了可靠的資料來源。這些受訪者包括十年來參與領導者轉變課程的學員，INSEAD的工商管理碩士，來自德意志銀行、聯合利華、ＩＷＦ和西門子的各級管理者，以及參加世界經濟論壇領導者計畫的參與者。雖然書中只提到了一部分人，但是所有的人都為本書的撰寫和出版做出極大貢獻，我從他們所有人身上都學到很多東西，非常感謝他們對我的信任。

註釋

第 1 章

1. The name Jacob is a pseudonym. To ensure anonymity, I used pseudonyms for all participants in my research studies. In addition, particular details of their lives, such as where they live or where they worked before the career change, have been altered somewhat. I use real names when I am citing from public sources.
2. Some examples of this approach include Marcus Buckingham and Donald O. Clifton, *Now, Discover Your Strengths* (New York: Free Press, 2001); James M. Kouzes and Barry Z. Posner. *The Leadership Challenge: How to Make Extraordinary Things Happen in Organizations* (San Francisco: Jossey-Bass, 2012); Bill George, *Authentic Leadership: Rediscovering the Secrets to Creating Lasting Value* (San Francisco: Jossey-Bass, 2004).
3. The "do good, be good" idea comes from Aristotle's statement "These virtues are formed in man by his doing the actions" (*The Nicomachean Ethics*), summarized as "We are what we repeatedly do," in Will Durant, *The Story of Philosophy: The Lives and Opinions of the World's Greatest Philosophers* (New York: Simon & Schuster, 1926).
4. Thinking follows action: self-perception theory posits that people infer their attributes by observing their freely chosen actions. See Daryl J. Bem. "Self-Perception: An Alternative Interpretation of Cognitive Dissonance Phenomena," *Psychological Review* 74, no. 3 (1967): 183–200.
5. Richard Pascale, Mark Millemann, and Linda Gioja, "Changing the Way We Change," *Harvard Business Review* 75, no. 6 (1997): 126–139. Richard T. Pascale, Mark Millemann and Linda Gioja, *Surfing the Edge of Chaos: The Laws of Nature and the New Laws of Business* (New York: Crown Business, 2001).
6. David A. Jopling, *Self-Knowledge and the Self* (New York: Routledge, 2000).
7. D. Scott DeRue and Susan J. Ashford, "Who Will Lead and Who Will Follow? A Social Process of Leadership Identity Construction in Organizations," *Academy of Management Review* 35, no. 4 (2010): 627–647; Herminia Ibarra, Sarah Wittman, Gianpiero Petriglieri, and David V. Day, "Leadership and Identity: An Examination of Three Theories and New Research Directions," in *The Oxford Handbook of Leadership and Organizations*, ed. David V. Day (New York: Oxford University Press, 2014).

8. Karl E. Weick, *Sensemaking in Organizations* (Thousand Oaks, CA: Sage Publication, 1995).
9. Survey of 173 INSEAD executive students conducted in October 2013. Of the 173 participants, 80 percent were men and 20 percent were women; this matches the gender split of the population. The average age of the participants was 42.1 years. Of the participants, 46 percent were employed in general management functions with profit-and-loss responsibility, 31 percent were in functional management (e.g., marketing), and 12 percent were in project or team management. See Marshall Goldsmith and Mark Reiter, *What Got You Here Won't Get You There: How Successful People Become Even More Successful* (New York: Hyperion, 2007).
10. Some of my early work on authenticity dilemmas is Herminia Ibarra,"Making Partner: A Mentor's Guide to the Psychological Journey," *Harvard Business Review* 78, no. 2 (2000): 146–155; Herminia Ibarra, "Provisional Selves: Experimenting with Image and Identity in Professional Adaptation," *Administrative Science Quarterly* 44, no. 4 (1999): 764–791. For my research on career change, see Herminia Ibarra, *Working Identity: Unconventional Strategies for Reinventing Your Career* (Boston: Harvard Business School Publishing, 2003); and Herminia Ibarra, "How to Stay Stuck in the Wrong Career," *Harvard Business Review* 80, no. 12 (2002): 40–48. For a discussion of leader development as identity change is Herminia Ibarra, Scott A. Snook, and Laura Guillén Ramo, "Identity-Based Leader Development," in *Handbook of Leadership Theory and Practice*, ed. Nitin Nohria and Rakesh Khurana (Boston: Harvard Business Press, 2010).
11. Some of my early research on networks includes Herminia Ibarra and Steven B. Andrews, "Power, Social Influence and Sense Making: Effects of Network Centrality and Proximity on Employee Perceptions," *Administrative Science Quarterly* 38, no. 2 (1993): 277–303; Herminia Ibarra, "Network Centrality, Power and Innovation Involvement: Determinants of Technical and Administrative Roles," *Academy of Management Journal* 36, no. 3 (1993): 471–501. A more recent discussion for a managerial audience is Herminia Ibarra and Mark Hunter, "How Leaders Create and Use Networks," *Harvard Business Review* 85, no. 1 (2007): 40–47.
12. See, for example, Jon R. Katzenbach and Zia Khan, *Leading Outside the Lines: How to Mobilize the Informal Organization, Energize Your Team, and Get Better Results* (San Francisco: Jossey-Bass, 2010); Chris Ernst and Donna Chrobot-Mason, *Boundary Spanning Leadership: Six Practices for Solving Problems, Driving Innovation, and Transforming Organizations* (New York: McGraw-Hill, 2010); Herminia Ibarra and Morten T. Hansen, "Are You a Collaborative Leader?" *Harvard Business Review* 89, no. 7–8 (2011): 68–74.
13. For a comprehensive treatment of each of the transitions managers encounter as they move up the leadership pipeline, see Ram Charan, Stephen Drotter, and James Noel, *The Leadership Pipeline: How to Build the Leadership Powered Company* (San Francisco: Jossey-Bass, 2011); Markus Hazel and Paula Nurius, "Possible Selves," American Psychologist 41, no. 9 (1986):

954–969; Linda A. Hill, *Becoming a Manager* (Boston: Harvard Business School Publishing, 2003).

14. Jeffrey Pfeffer and Robert I. Sutton, *The Knowing-Doing Gap: How Smart Companies Turn Knowledge into Action* (Boston: Harvard Business School Publishing, 2000); David H. Maister, *Strategy and the Fat Smoker: Doing What's Obvious but Not Easy* (Boston: The Spangle Press, 2008).
15. Ronald A. Heifetz, *Leadership Without Easy Answers* (Cambridge, MA: Belknap Press of Harvard University Press, 1994).
16. Joel M. Podolny, Rakesh Khurana, and Marya Hill-Popper, "Revisiting the Meaning of Leadership," in *Handbook of Leadership Theory and Practice*, ed. Nitin Nohria and Rakesh Khurana (Boston: Harvard Business Press, 2010).
17. John P. Kotter, *Power and Influence* (New York: Free Press, 2008).
18. Jack Welch quoted in Inc. (March 1995): 13.

第 2 章

1. For the classic study of how companies fall into competency traps, see Clayton M. Christensen, *The Innovator's Dilemma: When New Technologies Cause Great Firms to Fail* (Boston: Harvard Business School Publishing: 1997). For how people fall into competency traps, see Marshall Goldsmith and Mark Reiter, *What Got You Here Won't Get You There: How Successful People Become Even More Successful* (New York: Hyperion, 2007); and Mark E. Van Buren and Todd Safferstone, "The Quick Wins Paradox," *Harvard Business Review* 87, no. 1 (2009): 54–61.
2. Goldsmith and Reiter, *What Got You Here*.
3. For the classic work on self-efficacy, see Albert Bandura, *Self- Efficacy: The Exercise of Control* (New York: Worth Publishers, 1997).
4. Maslow's hierarchy of needs is a theory in psychology described in Abraham H. Maslow, "A Theory of Human Motivation," *Psychological Review* 50, no. 4 (1943): 370–396.
5. The difference between exploiting current competencies and exploring to get new competencies is a classic trade-off in corporate strategy and individual learning. See James G. March, "Exploration and Exploitation in Organizational Learning", *Organization Science* 2, no.1 (1991): 71–87.
6. The classic distinction was first developed by Abraham Zaleznik and popularized by John P. Kotter. Abraham Zaleznik, "Managers and Leaders: Are They Different?" *Harvard Business Review* 55 (May–June 1977): 67–78; and John P. Kotter, *A Force for Change: How Leadership Differs from Management* (New York: Free Press, 1990).

7. Deborah Ancona and Henrik Bresman, *X-Teams: How to Build Teams That Lead, Innovate and Succeed* (Boston: Harvard Business School Publishing, 2007). The original research leading to this insight is Deborah Ancona and David F Caldwell, "Bridging the Boundary: External Activity and Performance in Organizational Teams," *Administrative Science Quarterly* 37 (December 1992): 634–665.
8. Although BP eventually took a turn away from alternative energy under Tony Hayward's tenure as CEO, the organization Cox built remains and continues to develop energy alternatives for BP. Herminia Ibarra and Mark Hunter, "Vivienne Cox at BP Alternative Energy", Case 5473 (Fontainebleau: INSEAD, October 2007).
9. Ibid.
10. Herminia Ibarra and Cristina Escallon, "Jack Klues: Managing Partner VivaKi (C)", Case 5643 (Fontainebleau: INSEAD, December 2009).
11. James M. Kouzes and Barry Z. Posner, "To Lead, Create a Shared Vision," *Harvard Business Review* 87, no. 1 (2009).
12. James M. Kouzes and Barry Z. Posner, *The Leadership Challenge: How to Make Extraordinary Things Happen in Organizations* (San Francisco: Jossey-Bass, 2012); Burt Nanus, *Visionary Leadership* (San Francisco: Jossey-Bass, 1995).
13. Roger L. Martin, "The Big Lie of Strategic Planning?" *Harvard Business Review* 92, nos. 1–2 (2014): 78–84; Roger L. Martin, "Are You Confusing Strategy with Planning?" *Harvard Business Review Blog*, May 2, 2014; Roger L. Martin, "Why Smart People Struggle with Strategy," *Harvard Business Review Blog*, June 12, 2014.
14. Manfred F.R. Kets de Vries, Pierre Vrignaud, Elizabeth Florent-Treacy and Konstantin Korotov, "360-degree feedback instrument: An overview,"*INSEAD Working Paper* 2007. My research indicates that while everyone falls short on envisioning, women are more likely than men to rate a shortfall on this dimension. See Herminia Ibarra and Otilia Obodaru, "Women and the Vision Thing," *Harvard Business Review* 87, no. 1 (2009): 62–70.
15. Amy J. C. Cuddy, Matthew Kohut, and John Neffinger, "Connect, Then Lead," *Harvard Business Review* 91, nos. 7–8 (2013): 54–61.
16. Jay A. Conger and Rabindra N. Kanungo, *Charismatic Leadership in Organizations* (Thousand Oaks, CA: SAGE Publications, 1998).
17. James R. Meindl, "The Romance of Leadership as a Follower-Centric Theory: A Social Constructionist Approach," *Leadership Quarterly* 6, no. 3 (1995): 329–341; and Rob Goffee and Gareth Jones, *Why Should Anyone Be Led by You? What It Takes to Be an Authentic Leader* (Boston: Harvard Business School Publishing, 2006).
18. Herminia Ibarra and Jennifer M. Suesse, "Margaret Thatcher," Case 497018 (Boston: Harvard Business School, revised May

13, 1998).

19. Herminia Ibarra and Cristina Escallon, "David Kenny: Managing Partner VivaKi (B)," Case 5643 (Fontainebleau: INSEAD, December 2009).
20. Melba Duncan, "The Case for Executive Assistants," *Harvard Business Review* 89, no. 5 (2011)
21. Sheryl Sandberg, *Lean In: Women, Work, and the Will to Lead* (New York: Knopf, 2013), ch. 4. For the last few years, the research organization Catalyst has been surveying MBA graduates from top business schools to understand what careers pathways lead to greater success. They found that 62 percent of the people they surveyed described obtaining stretch and highprofile assignments as having the greatest impact to their careers.
22. TED is a nonprofit devoted to spreading ideas under the slogan "Ideas Worth Spreading." The format is usually short (eighteen minutes or shorter) talks. For an explanation of the TED format, see Chris Anderson, "How to Give a Killer Presentation," *Harvard Business Review* 91, no. 6 (2013): 121–125; and Jeremey Donovan, *How to Deliver a TED Talk: Secrets of the World's Most Inspiring Presentations* (New York: McGraw-Hill, 2013).
23. Joseph L. Badaracco, Defining Moments: *When Managers Must Choose Between Right and Right* (Boston: Harvard Business School Publishing, 1997), 58–61; Herminia Ibarra and R. Barbulescu, "Identity as Narrative: A Process Model of Narrative Identity Work in Macro Work Role Transition," *Academy of Management Review* 35, no. 1 (2010): 135–154.
24. See, for example, Annette Simmons, *Whoever Tells the Best Story Wins: How to Use Your Own Stories to Communicate with Power and Impact* (New York: AMACOM, 2007).
25. Annette Simmons, "*The Six Stories You Need to Know How to Tell," in The Story Factor* (New York: Basic Books, 2006).
26. John P. Kotter, "What Effective General Managers Really Do," *Harvard Business Review* 77, no. 2 (1999): 145–159.
27. Sendhil Mullainathan and Eldar Shafir, *Scarcity: Why Having Too Little Means So Much* (New York: Times Books, 2013).
28. The classic text on how to make room for what is important but not urgent is Stephen R. Covey, *The 7 Habits of Highly Effective People: Powerful Lessons in Personal Change* (New York: Free Press, 2004).

第3章

1. For a review of the research on how networks affect careers, see Herminia Ibarra and Prashant H. Deshpande, "Networks and Identities: Reciprocal Influences on Career Processes and Outcomes," in *The Handbook of Career Studies*, ed. Maury Peiperl and Hugh Gunz (Thousand Oaks, CA: SAGE Publications, 2007), 268–283.

2. Herminia Ibarra, "Network Assessment Exercise: Executive Version", Case 497003 (Boston: Harvard Business School, revised July 31, 2008).
3. This research is summarized in Miller McPherson, Lynn Smith-Lovin, and James M. Cook, "Birds of a Feather: Homophily in Social Networks," *Annual Review of Sociology* 27, no.1 (2001): 415–444. In research jargon, the narcissism principle is called homophily, the tendency for discretionary relationships to form among people who share a common status or social identity. Research on the prevalence of homophily in social relationships also shows why it can be so hard to network professionally across race and gender lines. See, for example, Herminia Ibarra, "Homophily and Differential Returns: Sex Differences in Network Structure and Access in an Advertising Firm," *Administrative Science Quarterly* 37, no. 3 (1992): 422–447.
4. See, for example, Nigel Nicholson, *Executive Instinct: Managing the Human Animal in the Information Age* (New York: Crown Business, 2000). Nicholson says that only by acknowledging that our brains are "hardwired" for survival can we understand behavior and "manage" our instincts.
5. Monica J. Harris and Christopher P. Garris, in *First Impressions*, ed. Nalini Ambady and John J. Skowronski (New York, NY: Guilford Publications): 147–168.
6. The propinquity effect is a concept proposed by psychologists Leon Festinger, Stanley Schachter, and Kurt Back, to explain that the more frequently we interact with people, the more likely we are to form friendships and romantic relationships with them. In a 1950 study carried out in the Westgate student apartments on the campus of Massachusetts Institute of Technology the authors tracked friendship formation among couples in graduate housing; the closer together people lived, even within a building, the more likely they were to become close friends. Leon Festinger, Stanley Schachter, and Kurt Back, "The Spatial Ecology of Group Formation," in *Social Pressure in Informal Groups: A Study of Human Factors in Housing*, ed. Leon Festinger, Stanley Schachter, and Kurt Back (Stanford, CA: Stanford University Press, 1963).
7. Ibid. The propinquity effect works due to mere exposure, i. e., the more exposure we have to a stimulus, the more apt we are to like it, provided the stimulus is not noxious.
8. Stanley Milgram, "The Small-World Problem," *Psychology Today* 1, no. 1 (1967): 61–67.
9. Nicholas A. Christakis and James H. Fowler, "The Spread of Obesity in a Large Social Network over 32 Years," *New England Journal of Medicine* 357, no. 4 (2007): 370–379. See also their book, *Connected: The Surprising Power of Our Social Networks and How They Shape Our Lives* (New York: Little, Brown and Co., 2009).
10. This number comes from Morten Hansen, "The Search Transfer Problem: The Role of Weak Ties in Sharing Knowledge Across Organization Subunits," *Administrative Science Quarterly* 44, no. 1 (1999).
11. Individuals' mobility is enhanced when they have a large, sparse network of informal ties for acquiring information and

resources. But since stakeholder expectations may diverge, they also benefit from a consistency of messages they get from a dense core of key people who agree on what they should be doing. Joel M. Podolny and James N. Baron "Resources and Relationships: Social Networks and Mobility in the Workplace," *American Sociological Review* 62, no. 5 (1997): 673–693.

12. Boris Groysberg and Deborah Bell, "Case Study: Should a Female Director 'Tone It Down'?" *Harvard Business Review Blog*, July 29, 2014.
13. James D. Westphal and Laurie P. Milton, "How Experience and Network Ties Affect the Influence of Demographic Minorities on Corporate Boards," *Administrative Science Quarterly* 45, no. 2 (2000): 366–398.
14. Malcom Gladwell, *The Tipping Point: How Little Things Can Make a Big Difference* (Boston: Back Bay Books, 2002).
15. Joel M. Podolny and James N. Baron, "Resources and Relationships: Social Networks and Mobility in the Workplace," *American Sociological Review* 62, no. 5 (1997): 673–693.
16. Sociologist Mark Granovetter examined the importance of weak ties in his classic 1974 book *Getting a Job*, in which he found that most people obtained their jobs through acquaintances, not close friends. Mark S. Granovetter, *Getting a Job: A Study of Contacts and Careers*, 2nd ed. (Chicago: University of Chicago Press, 1995). See also Mark S. Granovetter, "The Strength of Weak Ties," *American Journal of Sociology* 78, no. 6 (1973): 1360–1380.
17. Etienne Wenger, *Communities of Practice: Learning, Meaning, and Identity* (New York: Cambridge University Press, 1998), coined the phrase *communities of practice* to describe groups that share a common body of professional expertise and identify as members of that community.
18. Using a Facebook database that included 950 million people, Eman Yasser Daraghmi and Shyan-Ming Yuan showed that the average number of acquaintances separating any two people, even those who work in rare jobs, is not 6 but 3.9: "We are so close, less than 4 degrees separating you and me!", *Computers in Human Behavior* 30 (January 2014): 273–285
19. Patrick Reynolds, "The Oracle of Bacon," Website, accessed August 27, 2014, http://oracleofbacon.org/.
20. LinkedIn founder Reid Hoffman makes this point well. See Reid Hoffman and Ben Casnocha, *The Start-Up of You: Adapt to the Future, Invest in Yourself, and Transform Your Career* (New York: Crown Business, 2012): 110–115.
21. Kathleen L. McGinn and Nicole Tempest, "Heidi Roizen," Case 800-228 (Boston: Harvard Business School, January 2000; revised April 2010); Ken Auletta, "A Woman's Place: Can Sheryl Sandberg Upend Silicon Valley's Male-Dominated Culture?" *The New Yorker*, July 11, 2011.
22. Chris's story is told in more detail in Peter Killing, "Nestle's Globe Program," Cases IMD-3-1334, IMD-3-1334, IMD-3-1336 (Lausanne, Switzerland: IMD, January 1, 2003).

23. Judith Rich Harris, *The Nurture Assumption: Why Children Turn Out the Way They Do* (New York: Free Press; updated edition, 2009), explains how and why the tendency of children to take cues from their peers (and not their parents) works to their evolutionary advantage.
24. David Brooks, "Bill Wilson's Gospel," *New York Times*, June 28, 2010. See also David Brooks, *The Social Animal: The Hidden Sources of Love, Character, and Achievement* (New York: Random House, 2011), 270–271.
25. For an accessible review of research on the power of reference groups, see Harris, *The Nurture Assumption*.
26. Steven Johnson, *Where Good Ideas Come From* (New York: Riverhead Trade; reprint 2011).

第4章

1. To use the phrase popularized by Harvard Business School professor and former Medtronic CEO Bill George, in Bill George and Peter Sims, *True North: Discover Your Authentic Leadership* (San Francisco: Jossey-Bass, 2007).
2. There are more than twenty thousand books with the word authentic in the title on Amazon.com.
3. People born between 1957 and 1964 held an average of 11.3 jobs between age eighteen and forty-six (US Bureau of Labor Statistics, *Number of Jobs Held, Labor Market Activity, and Earnings Growth Among the Youngest Baby Boomers*, July 25, 2012). On the "protean career," see Douglas T. Hall, "Self-Awareness, Identity, and Leader Development," in *Leader Development for Transforming Organizations: Growing Leaders for Tomorrow*, ed. David V. Day, Stephen J. Zaccaro, and Stanley M. Halpin (Mahwah, NJ: Laurence Erlbaum Associates, 2004): 153–176.
4. Mark Snyder, Public Appearances, Private Realities: *The Psychology of Self-Monitoring* (New York: W. H. Freeman, 1987).
5. Martin Kilduff and David V. Day, "Do Chameleons Get Ahead? The Effects of Self-Monitoring on Managerial Careers," *Academy of Management Journal* 37, no. 4 (1994): 1047–1060.
6. For how tacit knowledge is shared, see Ikujiro Nonaka, "A Dynamic Theory of Organizational Knowledge Creation," *Organization Science* 5, no. 1 (1994): 14–37.
7. E. Tory Higgins, "Promotion and Prevention: Regulatory Focus as a Motivational Principle" in *Advances in Experimental Social Psychology*, ed. Mark P. Zanna (San Diego: Academic Press, 1998): 1–46.
8. "Properly speaking, a man has as many social selves as there are individuals who recognize him and carry an image of him in their mind . . . [W]e may practically say that he has as many different social selves as there are distinct groups of persons about whose opinion he cares. He generally shows a different side of himself to each of these different groups." William James, *The*

Principles of Psychology, vol. 1 (New York: Henry Holt & Co., 1890; repr., New York: Dover Publications, 1950), 294.

9. Hazel Markus and Paula Nurius, "Possible Selves," *American Psychologist* 41, no. 9 (1986): 954–969.
10. I'm grateful to Claudio Fernández-Aráoz for passing on this insight, which he got from Egon Zehnder CEO Damien O'Brien.
11. In this usage, authenticity conveys moral meaning about one's values and choices. A person, for instance, is said to be authentic if he or she is sincere, assumes responsibility for his or her actions, and makes explicit value-based choices concerning those actions and appearances rather than accepting pre-programmed or socially imposed values and actions.
12. See Bruce J. Avolio and William L. Gardner, "Authentic Leadership Development: Getting to the Root of Positive Forms of Leadership," *Leadership Quarterly* 16, no. 3 (2005): 315–333; and George and Sims, *True North*.
13. Robert G. Lord and Rosalie J. Hall, "Identity, Deep Structure and the Development of Leadership Skill," *Leadership Quarterly* 16, no. 4 (2005): 591–615, argue that a new leader's central concern is emulating leadership behaviors to project an image of himself or herself as a leader that others will validate and reward. Expert leaders develop an increasing capacity to pursue internally held values and personalized strategies in service of goals that include others.
14. In light of her research in psychology, Susan Cain, *Quite: The Power of Introverts in a World That Can't Stop Talking* (New York: Broadway Books, 2013), explains how introverts are capable of behaving like extroverts when it is in the service of a purpose that matters to them.
15. A person's identity is partly defined by how a person's social entourage views him or her. Roy F. Baumeister, "The Self" in The *Handbook of Social Psychology*, 4th ed., ed. Daniel T. Gilbert, Susan T. Fiske, and Gardner Lindzey (New York: McGraw-Hill, 1998), 680–740.
16. Amy Cuddy, "Your Body Language Shapes Who You Are," TED talk, 2012, www.ted.com/talks/amy_cuddy_your_body_language_shapes_who_you_are.
17. Jennifer Petriglieri, "Under Threat: Responses to and the Consequences of Threats to Individual's Identities," *Academy of Management Review* 36, no. 4 (2011): 641–662.
18. Based on my interview with Cynthia Danaher after reading Carol Hymowitz, "How Cynthia Danaher Learned to Stop Sharing and Start Leading," *Wall Street Journal*, March 16, 1999.
19. See Rob Goffee and Gareth Jones, *Why Should Anyone Be Led by You? What It Takes to Be an Authentic Leader* (Boston: Harvard Business School Publishing, 2006), for a great discussion about managing distance and dilemmas of authenticity in general.
20. See Deborah H. Gruenfeld, "Power & Influence," video presentation, Lean In website, accessed August 27, 2014, http://leanin.

org/education/power-influence/.

21. Charlotte Beers, *I'd Rather Be in Charge: A Legendary Business Leader's Roadmap for Achieving Pride, Power, and Joy at Work* (New York: Vanguard Press, 2012).

22. Charlotte Beers, "Charlotte Beers at 2012 MA Conference for Women," video, posted April 16, 2013, www.youtube.com/watch?v=VxjH0zYswzM/ The speech is based on her book, *I'd Rather be in Charge: A Legendary Leader's Roadmap for Achieving Pride, Power and Joy at Work* (New York: Vanguard Press, 2012).

23. Susan M. Weinschenk, *How to Get People to Do Stuff: Master the Art and Science of Persuasion and Motivation* (Berkeley, CA: New Riders, 2013).

24. Bernhard M. Bass, *The Bass Handbook of Leadership: Theory, Research, and Managerial Applications* (New York: Free Press, 2008); Gary A. Yukl, *Leadership in Organizations* (Upper Saddle River, NJ: Prentice-Hall, 2010).

25. See Shelley E. Taylor, *Positive Illusions: Creative Self-Deception and the Healthy Mind* (New York: Basic Books, 1991).

26. The *Lake Wobegon effect* is the human tendency to overestimate one's achievements and capabilities in relation to others. It is named for the fictional town of Lake Wobegon from the radio series *A Prairie Home Companion*, where, according to Garrison Keillor, "all the women are strong, all the men are good looking, and all children are above average."

27. Thomas Gilovich, *How We Know What Isn't So: Fallibility of Human Reason in Everyday Life* (New York: Free Press, 1991): 77.

28. Jean-François Manzoni and Jean-Louis Barsoux, *The Set-Up-to-Fail Syndrome: How Good Managers Cause Great People to Fail* (Boston: Harvard Business School Publishing, 2002).

29. Roy F. Baumeister, Ellen Bratslavsky, Catrin Finkenhauer, and Kathleen D. Vohs, "Bad Is Stronger than Good," *Review of General Psychology* 5, no. 4 (2001): 323–370.

30. People faced with unfamiliar role demands may have a harder time benefitting from negative feedback because they may lack the ability to assess independently the validly of the feedback they receive. As well, when people are insecure about their status, as neophytes are apt to be, they often adopt a defensive stance that reduces their ability to objectively assess negative information. Pino G. Audia and Edwin A. Locke, "Benefitting from negative feedback", *Human Resource Management Review* 13, (2003): 631–646.

31. Edgar H. Schein, "Kurt Lewin's Change Theory in the Field and in the Classroom: Notes Toward a Model of Managed Learning," *Systems Practice* 9, no. 1 (1996): 27–48.

32. Laura A. Liswood, *The Loudest Duck: Moving Beyond Diversity While Embracing Differences to Achieve Success at Work* (Hoboken, NJ: Wiley & Sons, 2009).

33. Erin Meyer, *The Culture Map: Breaking Through the Invisible Boundaries of Global Business* (New York: PublicAffairs, 2014); Fons Trompenaars and Charles Hampden-Turner, Riding the Waves of Culture: Understanding Diversity in Global Business (New York: McGraw-Hill, 1998), 83–86.
34. Rosabeth Moss Kanter, "Leadership in a Globalizing World" Chap. 20 in *Handbook of Leadership Theory and Practice*, ed. Nitin Nohria and Rakesh Khurana, (Boston: Harvard Business Press, 2010).
35. For recent reviews of research on gender and behavioral expectations, see Herminia Ibarra, Robin Ely, and Deborah Kolb, "Women Rising: The Unseen Barriers," *Harvard Business Review* 91, no. 9 (2013): 60–66; and Robin Ely, Herminia Ibarra, and Deborah Kolb, "Taking Gender into Account: Theory and Design for Women's Leadership Development Programs," *Academy of Management Learning & Education* 10, no. 3 (2011): 474–493.
36. Anna Fels, *Necessary Dreams: Ambition in Women's Changing Lives* (New York: Pantheon, 2004).
37. Reid Hoffman and Ben Casnocha, *The Start-Up of You: Adapt to the Future, Invest in Yourself, and Transform Your Career* (New York: Crown Business, 2012).
38. The original definition of the term identity work comes from David A. Snow and Leon Anderson, "Identity Work Among the Homeless: The Verbal Construction and Avowal of Personal Identities," *American Journal of Sociology* 92, no. 6 (1987): 1336–1371.
39. See Herminia Ibarra, *Working Identity* (Boston: Harvard Business School Publishing, 2004), for a discussion of the difference between "plan and implement" and "experiment and learn."
40. Herminia Ibarra and Jennifer Petriglieri, "Identity Work and Play," *Journal of Organizational Change Management* 23, no. 1 (2010): 10–25.
41. Ibid.
42. Mihaly Csikszentmihalyi, *Flow: The Psychology of Optimal Experience* (New York: Harper Perennial, 1990); James G. March,"The Technology of Foolishness,"in *Ambiguity and Choice in Organizations*, ed. James G. March and J. P. Olsen (Oslo, Norway: Universitetsforlaget, 1976).
43. Mary Ann Glynn, "Effects of Work and Play Task Labels on Information Processing, Judgments, and Motivation," *Journal of Applied Psychology* 79, no. 1 (1994): 34–45; and Leon Neyfakh, "What Playfulness Can Do for You," *Boston Globe*, July 20, 2014, www.bostonglobe.com/ideas/2014/07/19/what-playfulness-can-for-you/Cxd7Et4igTLkwpkUXSr3cO/story.html.
44. Researchers argue that work and play represent different ways of approaching, or frames for, activities rather than differences in the activities themselves. See, for example, Gregory Bateson, "A Theory of Play and Fantasy," *American Psychiatric*

Association, Psychiatric Research Reports 2 (1955): 177–178; Stephen Miller, "Ends, Means, and Galumphing: Some Leitmotifs of Play," *American Anthropologist* 75, no. 1 (1973): 87–98.

45. Austin Kleon, *Steal Like an Artist: 10 Things Nobody Told You About Being Creative* (New York: Workman Publishing Company, 2012).

46. As cited in ibid.

47. Robert Kegan, Lisa Lahey and Andy Fleming, "Making Business Personal", *Harvard Business Review* 92, no. 4 (2004): 45–52. Christ Argyris further argued that executive's ability to learn shuts down precisely when they need it most due to their defensive reactions to avoid embarrassment or threat and avoid feeling vulnerable or incompetent. Chris Argyris, "Teaching Smart People How to Learn", *Harvard Business Review* 69, no. 3 (1991): 99–109.

48. Carol Dweck, *Mindset: The New Psychology of Success* (New York: Ballantine Books, 2007).

49. Salman Rushdie, "One Thousand Days in a Balloon," in *Imaginary Homelands: Essays and Criticism*, 1981–1991, ed. Salman Rushdie (New York/London: Penguin, 1992): 430–439. Psychologist Tim Wilson's research shows how much our narratives shape the ways in which we interpret what happens to us; changing the stories we tell about ourselves and our lives, even in small ways, is one of the most powerful tools for personal change. *Redirect: The Surprising New Science of Psychological Change* (New York: Little, Brown and Co., 2011).

50. Robert J. Thomas, *Crucibles of Leadership: How to Learn from Experience to Become a Great Leader* (Boston: Harvard Business School Publishing, 2008); Joseph L. Badaracco, *Defining Moments: When Managers Must Choose between Right and Wrong* (Boston: Harvard Business School Publishing, 1997).

51. Daniel C. Dennett, *Consciousness Explained* (Boston, MA: Little, Brown and Co., 1991).

52. Charlotte Beers, "Charlotte Beers at 2012 MA Conference for Women," video, posted April 16, 2013, www.youtube.com/watch?v=VxjH0zYswzM.

53. Dan McAdams, "Personality, Modernity, and the Storied Self: A Contemporary Framework for Studying Persons," *Psychological Inquiry* 7, no. 4 (1996): 295–321.

54. Herminia Ibarra and Kent Lineback, "What Is Your Story?" *Harvard Business Review* 83, no. 1 (2005): 64–71.

55. Hetain Patel and Yuyu Rau, "Who Am I? Think Again," TED talk, TEDGlobal 2013, June 2013, www.ted.com/talks/hetain_patel_who_am_i_think_again.

56. Bruce Lee, quoted in Bruce Thomas, *Bruce Lee: Fighting Spirit* (Berkeley, CA: Blue Snake Books, 1994), 44.

57. Bruce Lee's "Be like water" quote is as follows: "Be like water making its way through cracks . . . [A]djust to the object, and

you shall find a way around or through it. If nothing within you stays rigid, outward things will disclose themselves . . . be formless. Shapeless, like water. If you put water into a cup, it becomes the cup. You put water into a bottle and it becomes the bottle. You put it in a teapot, it becomes the teapot. Now, water can flow or it can crash. Be water, my friend" (Bruce Lee, "Be Water [Longstreet]," video, posted December 26, 2012, http://youtu.be/bsavc5l9QR4?t=19s).

58. Kleon, *Steal Like an Artist*.

第5章

1. "Lost enough to find yourself" (Robert Frost, "Directive").
2. George's story comes from Ruthanne Huising, "Becoming (and Being) a Change Agent: Personal Transformation and Organizational Change," paper presented at the annual meeting of the American Sociological Association, Montreal Convention Center, Montreal, Quebec, August 10, 2006.
3. Beginning with the end in mind was one of the seven habits in Stephen R. Covey, *The 7 Habits of Highly Effective People Powerful Lessons in Personal Change* (New York: Free Press, 2004). The Bestseller *Primal Leadership* also tells people to begin their change journey by identifying their "ideal self." Daniel Goleman, Richard Boyatzis, and Annie McKee, *Primal Leadership* (Boston: Harvard Business School Publishing, 2002).
4. See Herminia Ibarra, *Working Identity* (Boston: Harvard Business School Publishing, 2004), for a description of the transition process. See also William Bridges, *Managing Transitions: Making the Most of Change* (Philadelphia: Da Capo Lifelong Books, 2009).
5. Laurence B. Mohr, *Explaining Organizational Behavior* (San Francisco: Jossey-Bass, 1982).
6. Edgar H. Schein, *Career Dynamics: Matching Individual and Organizational Needs* (Reading, MA: Addison-Wesley, 1978).
7. Alex Williams, "New Year, New You? Nice Try", *The New York Times*, January 1, 2009.
8. We only break a habit when we react to old cues with new routines that get us rewards similar to those we got with the old routines. Charles Duhigg, *The Power of Habit: Why We Do What We Do in Life and Business* (New York: Random House, 2012).
9. For a great discussion of how this works with entrepreneurs, including himself, see Reid Hoffman and Ben Casnocha, "Plan to Adapt," in *The Start-Up of You: Adapt to the Future, Invest in Yourself, and Transform Your Career* (New York: Crown

Business, 2012), 47–76.

10. For a great review of the latest thinking on goal setting, see Susan David, David Clutterbuck, and David Megginson, *Beyond Goals: Effective Strategies for Coaching and Mentoring* (Aldershot, UK: Gower Pub Co., 2013).
11. For more on the know-do-be of leadership development, see Scott Snook, Herminia Ibarra, and Laura Ramo, "Identity-Based Leader Development," in *Handbook of Leadership Theory and Practice*, ed. Nitin Nohria and Rakesh Khurana (Boston: Harvard Business Press, 2010), 657–678.
12. For a thorough discussion of the relationship between leader development and adult development, see David V. Day, Michelle M. Harrison, and Stanley M. Halpin, *An Integrative Approach to Leader Development: Connecting Adult Development, Identity, and Expertise* (New York: Routledge, 2008).
13. Most studies and people interviewed cited five to seven career changes in professional life. See, for example, "Seven Careers in a Lifetime? Think Twice, Researchers Say," *Wall Street Journal*, September 4, 2010.
14. See, for example, Gail Sheehy, *New Passages* (New York: Ballantine Books, 1996).
15. J. E. Marcia, "Development and Validation of Ego Identity Status," *Journal of Personality and Social Psychology* 3 (1966): 551–558.
16. Robert Kegan, *The Evolving Self: Problem and Process in Human Development* (Cambridge, MA: Harvard University Press, 1982). For a more accessible version of his theory, see Robert Kegan and Lisa Laskow Lahey, *Immunity to Change: How to Overcome It and Unlock the Potential in Yourself and Your Organization* (Leadership for the Common Good (Boston: Harvard Business Press, 2009).

總　結

1. "Life . . . is really a search for our own identity," Charles B. Handy, *Myself and Other More Important Matters* (New York: Amacom Books, 2008).
2. Steve Jobs, Commencement address at Stanford University, June 12, 2005, http://news.stanford.edu/news/2005/june15/jobs-061505.html.

國家圖書館出版品預行編目（CIP）資料

破框能力：全球TOP50管理大師教你突破「專業」陷阱 / 艾米妮亞.伊貝拉(Herminia Ibarra)作；王臻譯.
-- 初版. -- 臺北市：今周刊, 2020.07
304面；14.8×21公分. -- (Unique；49)
譯自：Act like a leader, think like a leader
ISBN 978-957-9054-61-4(平裝)

1.領導者 2.組織管理 3.職場成功法

494.21 109004972

Unique系列 049

破框能力

全球TOP50管理大師教你突破「專業」陷阱

Act Like a Leader, Think Like a Leader

作　　者　艾米妮亞・伊貝拉 Herminia Ibarra
譯　　者　王臻
主　　編　李志威
行銷經理　胡弘一
行銷主任　彭澤葳
封面設計　FE設計
內文排版　菩薩蠻數位文化有限公司

董 事 長　謝金河
發 行 人　梁永煌
社　　長　謝春滿
副總經理　吳幸芳

出 版 者　今周刊出版社股份有限公司
地　　址　台北市中山區南京東路一段96號8樓
電　　話　886-2-2581-6196
傳　　真　886-2-2531-6438
讀者專線　886-2-2581-6196轉1
劃撥帳號　19865054
戶　　名　今周刊出版社股份有限公司
網　　址　http://www.businesstoday.com.tw

總 經 銷　大和書報股份有限公司
製版印刷　緯峰印刷股份有限公司
初版一刷　2020年7月
初版三刷　2023年10月
定　　價　350元